평생 습관과 태도를 만드는

우리 아이 처음 버릇

아이를 성장으로 이끄는 4~7세 현실 밀착 훈육법

미쉘 라로위 지음 | 김선희 옮김

평생 습관과 태도를 만드는

우리 아이 처음 버릇

더블북

프롤로그

아이가 밥을 먹지 않겠다며 운 적이 있는가? 무언가를 갖고 싶다며 현관에서 안방까지 떼굴떼굴 구르던가? 밤에 잠을 재우기가 어려운가? 친구들이나 형제와 늘 싸우기만 하는가? 입에서 군것질거리를 떼어놓지 않는가? 스마트폰을 끼고 사는가? 낮잠 재우기, 옷 입히기…… 죄다 골칫거리인가? 그렇다면, 부모의 세계에 온 걸 환영한다!

월요일, 엄마는 유치원에서 아이를 찾아 데리고 나오다 저녁 찬거리를 사려고 집 근처 마트에 잠깐 들렀다. 아이를 쇼핑카트 안에 앉히고 가능한 한 신속하게 채소와 육류 코너를 거쳐, 아주 조심스럽게 스낵 코너를 빠져나와 꼭 사야 할 우유를 집으러

간다. 그러나 너무 늦었다. 아이는 벌써 제 마음에 드는 과자를 보고 말았기 때문이다. 잽싸게 쇼핑카트를 반대 방향으로 밀지만 아이의 떼쓰기는 이미 시작되었다.

"과자, 과자!"

"안 돼."

엄마는 차분하면서도 단호하게 말하며 덧붙인다.

"저녁 찬거리 사러 온 거야."

그러나 아이는 들은 체도 하지 않고 졸라댄다. 두어 번 실랑이가 오가며 조금씩 엄마의 목소리가 커지고 표정이 일그러진다. 엄마는 이어 협상가 기질을 발휘한다.

"엄마가 장보는 동안 얌전하게 있으면 저녁 먹고 초콜릿 하나 줄게."

하지만 아무것도 달라지지 않는다. 아이는 바로 지금 과자를 사고 싶다는 생각뿐이다. 그리고 드디어 온 세상에 그 사실을 알린다. 한 아주머니가 다가와 말을 건넨다.

"이 녀석, 사람들 많은 데선 조용히 해야지!"

엄마는 마치 아무 일도 없는 것처럼 장보기를 마치려고 하지만, 떼쓰는 아이와 함께 이미 마트 안의 주인공이 되어 있다. 귀찮은 존재라도 되는 듯 사람들이 힐끗거린다. 창피하기도 하고 당황스럽기도 한 엄마는 채우다 만 쇼핑카트를 버려둔 채 아이를 안고 마트를 빠져나와 차로 향한다.

차가 움직이자 아이는 그제야 울음을 그친다. 그리고 작은 천사는 곧 잠이 든다. 언제 그랬냐는 듯 얼굴은 평화롭고 고요하기만 하다. 그와 반대로 엄마의 가슴속엔 무언가가 응어리져 답답하고 머리가 지끈거린다. 집으로 가는 길에 패스트푸드점에 들른다.

어디서 많이 본 장면이지 않은가? 취학 전 자녀가 있는 부모라면 적어도 한 번쯤은 이런 경험을 한 적이 있을 것이다. 어쩌면 여러 번 겪었을지도 모른다. 그렇다면 예를 든 장면에서 엄마가 저지른 실수를 알아차렸는가? 엄마는 5가지 실수를 저질렀다.

첫째, 하려던 일을 끝내지 못했다.
둘째, 아이에게 분명한 기대치를 주지 못했다.
셋째, 아이와는 절대 협상할 수 없다는 것을 몰랐다.
넷째, 일시적이며 손쉬운 해결책을 선택했다.
다섯째, 엄마와 아이 모두 피곤한 상태에서 쇼핑을 했다.

정답을 몰랐다고 걱정할 필요는 없다. 두려워하지도 말자. 여기 부모와 자녀가 동시에 행복해지는 양육 솔루션을 준비해

놓았으므로. 당신은 이 책에서 자녀를 돌보며 겪는 힘든 상황을 손쉽게 헤쳐 나갈 수 있는 방법을 만나게 될 것이다.

필자는 이 책에서 부모가 꼭 알아야 할 육아의 원칙, 그리고 부모가 가져야 할 양육 태도에 대해 이야기할 것이다. 나아가 일상적인 문제에 대한 실제적인 해결 방법을 이야기할 것이다. 이 책을 통해 부모가 흔히 어떤 실수를 저지르는지 다양한 사례를 다루면서, 그 해결 방법에 대해서도 이야기할 것이다. 필자가 알려주는 훈육법과 부모로서의 본능을 잘 따른다면, 이 책을 다 읽을 즈음에는 훌륭한 부모가 되는 모든 비법이 당신의 것이 되어 있을 것이다.

기본적으로 아이의 인지발달 단계를 이해하면 훈육을 하는 데 도움이 될 것이다. 스위스의 생물학자이자 심리학자인 장 피아제Jean Piaget는 인지발달에 꽤 관심이 깊었다. 그는 많은 관찰을 통해 아이들이 4단계를 순서적으로 거쳐 발달한다는 결론을 내렸다. 그것이 바로 '피아제의 인지발달 4단계'이다.

감각운동 지능기(0~2세)

이 시기 아이는 자신의 신체와 환경과의 관계를 인지하고 촉각, 미각, 후각 등의 감각으로 주변 환경을 알아가기 시작한다. 피아제가 이 시기를 '감각운동 지능기'라고 부른 것은 아이들이 감각 인지와 근육 활동을 사용하여 초기 지능이 발달하기 때문이다. 18개월 정도가 되면 공을 베개 밑에 숨기고 나서 "공이 어디로 갔지?"라고 묻는 장난에 더 이상 속지 않는다. 아이는 공이 보이지 않더라도 어디 있는지 알기 때문이다.

전조작적 사고기(2~7세)

이 시기 아이는 세상이 자신을 중심으로 움직인다고 생각한다. 때문에 다른 사람의 입장을 전혀 생각하지 못한다. 언어 발달 역시 자기중심적으로 이루어진다. 이 단계 아이들은 '평행놀이'를 시작한다. 평행놀이란 함께 있지만 혼자 노는 것으로, 옆에 친구가 있다는 것을 의식하지 못하고 신경을 쓰지도 않는다. 그러니 네 살배기 아이가 이것저것 무엇이든 해달라고 떼를 쓴다고 해서 화를 낼 필요는 없다. '나'라는 단어보다 더 중요한 것이 있다는 걸 아직 모르기 때문이다. 아이의 자기중심적인 생각을 바꾸기 위해서는 어릴 때부터 훈련을 해야 한다. 시간과 인내가 필요하지만, 대신 아이가 성장할수록 훨씬 더 효과가 커진다.

구체적 조작기(7~12세)

논리적인 설명을 이해할 수 있는 시기이다. 이 시기 아이들은 같은 글자로 시작되는 단어를 모으거나 종류별로 동물을 나누는 등 사물을 분류할 수 있다. '세상이 나를 중심으로 돌아간다'는 생각은 옅어지기 시작한다. 그렇다고 완전히 벗어난 것은 아니다.

언어능력이 향상되면서 대화가 어떻게 이어지는지 파악하기 시작한다. 또한 뒤집어 생각할 수도 있다. 즉, 하나 더하기 둘이 셋이면 둘 더하기 하나도 셋이라는 것을 이해한다.

형식적 조작기(12세~성인)

논리적·추상적 사고를 하고 이론적인 설명도 할 수 있다. 이 시기 아이들은 앞으로 일어날 일을 추측하고, 결과를 얻기 위해 가설을 체계적으로 실험한다. 이 단계의 발달은 성인이 될 때까지 이어진다. 단, 모든 아이들이 인지발달의 최고 단계에 이르는 것은 아니다. "만약 이렇게 하면 어떻게 될까?"라는 질문을 하면, 이 시기의 아이들은 현실성 있는 답을 내놓을 것이다.

피아제의 이론을 언급한 것은 아이는 어른의 축소판이 아니며, 어른과 같은 방식으로 다룰 수 없다는 것을 말하기 위해서다. 신은 당신을 행복하고 안정되며 균형 잡힌 아이를 키우는, 사랑이 넘치는 훌륭한 부모로 만들었다. 하지만 알고 있듯, 아이를 잘 키우기는 쉽지 않다. 예전에는 이웃에 사는 할머니, 할아버지와 친척이 도와주었다. 하지만 오늘날엔 육아는 온전히 부모의 몫이 되어버렸다. 부모들에겐 이따금 용기가 필요하다. 그리고 가정생활이 좀 더 원만하게 흘러가기 위해선 여러 가지 원칙과 비법, 요령이 필요하다.

아마도 아이가 잠든 틈틈이 이 책을 읽으려면 며칠이 걸릴지도 모른다. 침대 옆에 놓아두고 당신의 고민을 이해하는 친구가 필요할 때, 위로와 해결 방법이 필요할 때마다 펼쳐보길 바란다. 아니면 지금 당장 가장 필요한 해당 목차를 곧장 펼쳐 봐도 좋다. 어떤 것이든 당신에게 도움이 될 것이다. 당신을 돕기 위해 필자가 여기에 있으니까!

차 례

PART 2

처음 버릇, 사랑만큼 원칙이 중요하다

PART 3

처음부터 좋은 버릇 들이는 10가지 방법

PART 1

부모의 태도와 행동이 올바른 훈육을 위한 핵심이다

부모가 노력하지 않기 때문이 아니다.
제대로 된 훈련을 받지 못했기 때문이다.

- 토드 볼싱어(Tod Bolsinger)

01

아이는 부모의 사랑으로 자란다

갓 태어난 아기에게 젖을 먹이고, 기저귀를 갈아주고, 사랑을 주는 등 기본적으로 해주어야 할 것이 무엇인지 대부분의 부모는 잘 알고 있다. 초보 부모는 갓난아기를 돌보기 위해 해야 할 일을 꽤 빨리 파악한다. 하지만 그 일들이 소중한 아이의 미래에 얼마나 중요한 영향을 미치는지는 미처 깨닫지 못하는 경우가 많다.

부모는 젖을 먹이고 기저귀를 갈아주는 등 아기의 요구를 충족시키고, 애정 표현을 하면서 함께 믿음을 쌓아간다. 아기는 자신이 필요로 할 때 부모가 늘 함께 있다는 것을, 그래서 모든 것이 부모에게 달렸음을 금세 깨닫는다. 아기는 태어난 첫날부터 부모를 믿고 의지한다.

부모는 몸짓과 소리를 통해서 아기에게 신뢰와 안도감을 심어줄 수 있다. 아기를 편안하게 안아주는 것이다. 아기는 품에 꼭 안기는 것을 좋아하므로 심장박동이 들릴 만큼 가까이 안아주는 것도 좋다. 아기가 울 땐 포근한 담요로 감싸고 머리를 부모의 심장 쪽으로 향하게 해서 안아주면 쉽게 달랠 수 있다.

자지러지듯 울어 재낄 때는 조명을 어둡게 하고 품에 안아 천천히 앞뒤로 흔들어주는 것이 요령이다. 아기들은 보통 규칙적이고 반복적인 운동에 안정을 되찾는다. 부드럽고 편안한 목소리로 "그래, 그래, 아가야"라는 말을 반복해 주는 것도 좋다. 사랑스럽고 부드럽게 말을 건네면서 안아주면 아기는 편안함과 안정감을 느낀다. 그리고 이것은 앞으로 부모와 자녀의 관계를 돈독히 하는 디딤돌이 된다.

필자는 아이들을 돌보면서 '무엇을 말하는가가 아니라, 어떻게 말하는가가 중요하다'는 옛말이 틀리지 않았다는 걸 깨달았다. 부모가 자신감을 갖고 다가가면 아이도 자신감 있게 반응한다. 편안함과 함께 안전하게 보호받는다고 느끼기 때문이다.

흔히 '미운 세 살'이라고 부르는, 부모를 시험(?)에 들게 하는 기간이 있는데, 이것은 지극히 정상적인 성장 과정이다. 이때 아이는 고삐 풀린 망아지처럼 행동한다. 하지만 이것만은 분명하다. 그 시기 아이는 생떼를 부리면서도 갓난아기 때 기억을 통해 부모가 자신을 사랑하고 있다는 것을 안다. 어떤 행동에 대해 부모가 "안 돼"라고 말하는 것이 자신을 보호하기 위해서임을 잘 알고 있다.

아이의 성장 단계는 블록 쌓기와 같다. 젖먹이는 믿음을 바탕으로 요람기를 지나고 부모의 보살핌 속에서 안전하게 유치원에 갈 나이가 된다. 그리고 부모의 사랑에 대한 신뢰를 발전시켜 가며 건강하게 성장한다.

02

규칙적인 생활이 아이에게 안정감을 준다

아이가 태어나면 부모의 생활은 급격하게 달라진다. 부모는 혼자서는 아무것도 할 수 없는 어린 생명에 대해 무한한 책임을 져야 한다. 수면 시간도 예상했던 것보다 훨씬 많이 빼앗겨서 예전의 편안했던 생활은 더 이상 기대할 수 없다. 잘 짜여 있던 일상은 예측불허의 혼란 속에 던져진다.

자, 당신은 어떤 부모가 되고 싶은가? 아이의 요구에 반응하고, 울음을 그치게 하고, 일정을 짜는 등 자녀에게 필요한 것을 충족시켜 주는 데엔 여러 가지 방법이 있다. 필자는 안정적이고 행복한 아이는 정해진 일과에 따라 생활하는 아이라고 확신한다. 그리고 가장 좋은 부모는 자녀의 일과를 잘 따라주는 부모라고 믿는다.

갓난아기를 위한 가장 기본적인 일과는 깨우고 먹이고 기저귀를 갈아주고 재우는 것이다. 정확한 시간에 맞춰 하라는 것이 아니다. 그보다는 순서를 지키는 것이 중요하다. 즉, 오후 2시에 젖을 먹이기보다는 잠에서 깬 후 먹이는 것이 보다 중요하다는 말이다. 일과를 정해놓으면 한 가지 일을 한 후 그다음에 아이에게 무엇을 해주어야 할지 고민할 필요가 없다. 한 가지 일을 마친 후엔 "자, 우유를 먹었으니 이제 기저귀를 갈자"라고 다음에 할 일을 이야기해 주다 보면 아이와 빨리 가까워진다. 부모가 무슨 이야기를 하는지 알아들을 수 없는 아주 어린 아기라도 부모의 목소리를 통해 교감을 나눈다.

03

한 번 한 말은 반드시 실행에 옮긴다

자녀 앞에서는 말한 그대로 행동에 옮겨야 한다. 예를 들어, 식당에서 장난을 치는 아이에게 이렇게 말했다고 가정해 보자.

"한 번만 더 그러면 여기에서 나갈 거야."

그렇게 말했는데도 아이가 또다시 장난을 쳤다. 하지만 부모가 식당에서 나가지 않는다면 어떻게 될까? 아이는 그 즉시 부모가 말한 대로 행동하지 않는다는 것을 알아챈다. 자녀에게는 항상 행동으로 옮길 준비가 된 다음에 말하자.

"여기에서 나갈 거야"라고 말했다면 '반드시' 식당에서 나가야 한다. 한창 식사 중이고 배가 고파 죽을 지경이라도 말이다. 도저히 참을 수 없다면 종업원에게 음식을 포장해 달라고 부탁

해서 집에 가서 먹을 수도 있다. 말한 대로 실행에 옮기지 않는 바로 그 순간 자녀에게 부모의 권위에 대한 의심의 문을 활짝 열어주게 된다. 단 한 번으로 부모는 말한 대로 행동하지 않는다는 것을 확실히 가르칠 수 있다.

필자는 전에 세 살짜리 아이를 돌본 적이 있다. 아이는 조립용 장난감 펜치를 가지고 있었는데, 어느 날 그 펜치로 친구 코를 자꾸 꼬집었다. 그것도 무척이나 세게. 필자는 아이에게 주의를 주었다.

"그 펜치는 장난감을 조립하는 데 쓰는 거야. 한 번 더 친구를 아프게 하면 내다버릴 거야!"

물론 아이는 말을 듣지 않고 또다시 펜치로 친구를 괴롭혔다. 필자는 그 즉시 펜치를 빼앗아 두 동강 낸 다음(돌려주고 싶은 유혹에 넘어가지 않기 위해) 쓰레기통에 넣어버렸다. 아이는 울고불고 난리도 아니었다. 그 순간 필자는 아주 못된 어른이 된 듯했다. 그러나 만약 그 말을 행동으로 옮기지 않았다면, 아이는 다음에도 필자의 말을 듣지 않았을 게 분명하다. 안전과 관련된 경우 자녀가 부모의 말을 무시한다면 끔찍한 결과를 맞을 수도 있다.

지금 생각하면 그 장난감을 꼭 버려야 했을까 싶다. 조금 심했다는 생각이 들기도 한다. 그래서 필자는 그 아이의 다섯 살 생일에 새 펜치를 선물해 주었다. 아이는 무척이나 기뻐했고 더 이상 친구를 아프게 하지도 않았다.

말한 대로 실행에 옮긴다는 교훈은 잠깐 동안의 눈물보다 훨씬 더 값지다. 자녀에게 부모는 한 번 내뱉은 말은 반드시 실행에 옮기는 사람이라는 것을 인식시켜야 한다. 야단치는 중에 한 말이든, 타이르는 중에 한 말이든 상관없이 말이다. 늘 말한 대로 실행에 옮기는 것은 자녀와 신뢰를 쌓아가는 밑바탕이 된다.

04

무엇이 아니라, 어떻게 할지를 이야기한다

부모가 바라는 대로 자녀가 행동하기를 바란다면 무엇을 바라는지 아주 분명하게 말해주어야 한다. 부모가 무엇을 바라는지 확실하게 알지도 못하는데 아이가 어떻게 그걸 해낼 수 있겠는가. 우리는 흔히 아이에게 이렇게 말하곤 한다.

"착한 아이가 되어야지."

하지만 그게 무슨 뜻일까? 어떻게 해야 착한 아이가 되는지 아이는 스스로 알지 못한다.

"네가 엄마 말을 잘 들었으면 좋겠어. 무슨 말이냐면, 놀이터에서 놀다가 집에 올 시간이 되면 더 놀겠다고 고집 피우지 않았으면 해."

이렇게 말하면 아이는 부모가 무엇을 바라는지 정확하게 알 수 있다. 다만 이때 주의할 점이 있다. 부모가 자녀의 나이에 맞는 현실적인 기대치를 가져야 한다는 점이다. 다섯 살짜리 아이에게 비행기 여행을 하며 몇 시간 동안 조용히 앉아 책을 읽기를 바라는 것은 무리다. 그보다는 기내용 가방에 장난감과 오락거리를 넣어 가서 "우리는 이제 비행기를 탈 거야. 5분 동안 네 앞자리 의자를 발로 차지 않고 얌전히 있으면 엄마가 가방에서 장난감을 꺼내 줄게"라고 말하는 것이 훨씬 효과가 있다.

부모라면 매 순간 어떻게 하면 아이의 요구를 즉시 만족시킬 수 있는지 잘 안다. 아이가 떼쓰는 것을 막기 위해서 "그래"라고 말하는 것이 쉽고 편해 보일 수도 있다.

"그래, 놀이터에서 실컷 놀아."

하지만 그런 식으로는 누가 부모인지, 누가 자신을 돌보는 대장인지 아이에게 확실히 가르쳐주지 못한다. 그보다는 장기적이면서 문제를 미리 예방할 수 있는 방법을 찾아야 한다. 부모 자신 안에 내재된 육아 본능에 귀 기울이면 아이가 언제쯤 놀다 지쳐 집에 가고 싶은지 충분히 알 수 있다. 그렇다면 아이가 피곤해서 짜증을 부릴 때까지 놀이터에 두어선 안 된다. 그대로 둔다면 떼쓰기를 부채질하는 셈이다.

혹 아이가 "엄마, 아빠는 대장이 아니야!"라고 말한다면 아이에 대해 부모가 책임은 지고 있다는 것을 분명하게 알려준다. 그리고 아이에게 언젠가 자라서 부모가 되면 똑같이 대장이 될 수 있다는 것도 덧붙인다.

부모가 결정해야 할 일을 자녀에게 넘기면 안정감이 허물어진다. 아이가 막 걸음마를 시작했다면 결정은 부모의 몫이다. 아이는 태어나면서부터 이제껏 자신에게 필요한 것을 주는 부모를 믿어왔다. 그리고 그렇게 행복하고 건강하게 자랄 것이다. 아이가 조금 더 자라서 말을 할 수 있게 되더라도 집안을 통째로 넘겨받을 준비가 된 것은 아니다. 부모가 허용할 수 있는 만큼의 선택권을 주면서 방법을 다듬어가며 자녀에게 조금씩 권리를 줄 수는 있다. 제대로 된 부모는 고삐를 조금씩 느슨하게 하되, 절대 자녀에게 자동차 열쇠를 건네주며 직접 운전하라고 하지는 않는다.

05

친구 같은 부모가 되기엔 아직 이르다

여러 양육 방식 중에서 어느 것이 가장 좋은지에 대한 몇 가지 학설이 있다. 아동심리학자 다이애나 바움린드Diana Baumrind는 부모의 유형을 권위주의적인 부모, 자유방임적인 부모, 민주적인 부모 등 3가지로 나누었다.

권위주의적인 부모는 복종을 강요한다. 때문에 자녀를 위축시키거나 주눅 들게 하는 경우가 많다. 이런 부모는 지나치게 적극적인 반면, 자녀는 우유부단하고 침울한 경향이 있다.

자유방임적인 부모는 자녀를 구속해서는 안 된다고 믿는다. 그래서 자녀가 마음대로 하도록 내버려둔다. 이렇게 자란 자녀는 반항적이며 제멋대로 행동하고 충동적인 경향이 있다. 가정에서 제대로 훈련받지 못한 탓에 다른 사람에게 자신의 요구를 거절당하면 예민하게 반응한다.

민주적인 부모는 합리적인 방식으로 자녀의 활동을 이끌고 가족 간 토론을 격려한다. 반면 자녀가 말을 듣지 않을 때는 확고한 규율을 적용한다. 그런 경우에도 자녀의 행동을 지나치게 제한하지는 않는다. 이런 부모는 자녀의 요구와 관심사를 잘 알고 있어, 이를 교육 기준으로 삼는다. 민주적인 부모에게 교육받은 아이는 권위주의적인 부모나 자유방임적인 부모에게서 자란 아이보다 훨씬 더 체계적이다. 독립심과 자제력이 강하고 자신감이 넘쳐 사회생활에 잘 적응한다.

간단히 말해 가장 행복하고 안정적인 자녀는 사랑과 신뢰 속에서 자란, 보호받고 있음을 느끼게 하고 일관성 있는 가르침을 행하는 부모 밑에서 자란 자녀이다.

훌륭한 부모가 되기 위해 완벽한 사람이 되라는 것은 아니다. 모든 일을 자로 잰 듯 완벽하게 할 필요는 없다. 우리는 모두 실수를 한다. 그리 멀지 않은 어느 날 당신도 '사람'이라는 것을 알리는, 자녀에게 약점과 실수를 보이는 날이 분명 올 것이다. 궁극적인 목표는 언젠가 어른이 된 자녀와 친한 친구가 되는 것이다. 자녀가 어른으로 자라 친구처럼 지내는 것이 얼마나 놀랍고 감사한지 모르겠다는 이야기를 많은 부모에게서 자주 듣는다. 당신에게도 그런 날이 반드시 올 것이다. 그러나 그런 날은 어느 날 갑자기 오는 것이 아니라, 단계별로 과정을 거쳐 찾아온다. 놀이터에서 만난 한 부모의 예를 보자.

엄마 자, 이제 집에 갈 시간이다.

린지 (입을 삐죽거리며) 싫어! 나 안 갈래!

엄마 그럼 5분만 더 놀아.

(5분 후)

엄마 이제 그만 가자, 시간 다 됐어.

린지 싫어! 집에 가기 싫어!

엄마 좋아. 5분만 더. 정말 마지막이야.

(다시 5분 후)

엄마 린지야, 시간 됐어. 이제 정말 끝이야.

린지 아직 다 안 놀았어!

엄마 좋아. 다 놀면 말해.

(10분 후)

엄마 이제 실컷 놀았지? 지금 안 가면 엄마 혼자 간다.

린지 (발을 구르며) 가기 싫어!

엄마 좋아. 그럼 넌 여기 있어. 안녕!

린지 (소리를 지르며) 엄마! 엄마!

엄마 (화를 내며 되돌아온다.) 그러니까 처음부터 말을 들었으면 좋았을 거 아냐!

언제부터 자녀에게 엄마, 아빠가 아니라 친구가 되어주는 것이 좋다고 여기게 된 걸까? 최근 들어 부모는 자녀를 이끌어주는 책임자라는, 단순하면서도 심오한 진리가 외면당하고 있다. 때때로 아이는 독재자처럼 군다. 자신의 변덕에 부모가 굴복하도록 길들이는 것이다.

대장 역할을 하기가 겁이 나는가? 준비가 됐든 되지 않았든 리더십을 발휘해야 한다. 자녀에게 부드러운 권위를 지닌 존재가 될 때까지 마치 그 사람인 것처럼 행동해도 된다. 자, 그럼 놀이터로 돌아가 보자. 이번에는 애정 어린 권위로 아이에게 확고한 태도를 보이는 경우이다. 아이에게 신뢰를 심어주기 위해 엄마가 어떻게 했는지 살펴보자.

엄마 린지야, 5분 후에 출발할 거야.

린지 싫어, 가기 싫어!

엄마 네가 가고 싶지 않다는 건 엄마도 알아. 재미있게 놀고 있는데 가야 해서 엄마도 미안해. 재미있게 놀고 있는데 중간에 그만두고 싶은 사람은 아무도 없지. 하지만 어쩔 수 없잖니, 너무 서운해 하지 마. 다음에 또 올 거니까. 어쨌든 오늘은 5분만 더 있다가 갈 거야.

(4분 후)

엄마 1분 남았다. 이제 놀이를 끝낼 시간이야.

린지 엄마, 꼭 가야 돼요?

엄마 그래, 너도 알잖니. 엄마가 가야 한다고 말했으면 가는 거야.

(1분 후)

엄마 됐다. 이제 가자.

(아이는 일어나 엄마에게 온다. 엄마 손을 잡고 순순히 따라가지만 여전히 불만스럽다. 그래도 화를 내거나 떼를 쓰지 않는다.)

엄마 린지가 엄마 말을 잘 들어서 아주 예쁜걸. 이제 다 컸네. (린지는 미소 짓는다.) 오늘 한 놀이 중에 어떤 게 제일 재미있었어?

신은 감당할 수 있는 만큼의 시련만 준다. 그러니 부모로서의 자격이 없다고 낙담하지 말자. 물론 어떻게 하면 훌륭한 부모가 될 수 있는지 배워야 하고, 잘못된 양육 태도는 고쳐야 한다. 하지만 분명한 것은 당신에겐 훌륭한 부모가 될 수 있는 힘이 있다는 사실이다.

06

아이를 기르는 데도 팀워크가 필요하다

자녀를 기르는 데는 탱고를 출 때처럼 두 사람이 필요하다. 물론 상대의 발을 밟지 않기 위한 약간의 연습도 필요하다. 두 사람이 팀을 이뤄 서로 동등하게 '자녀 양육'이라는 강을 헤쳐 나가기만 한다면 자녀를 기르는 과정은 훨씬 쉽고 기쁨에 넘치는 시간이 될 것이다.

부모가 한 팀으로 자녀를 기른다는 것이 각자의 역할과 의무를 50대 50으로 엄격하게 나누어야 한다는 뜻은 아니다. 예를 들어, 아빠가 자신이 하고 싶은 일만 하고 하기 싫은 것은 엄마에게 떠넘기는 건 바람직하지 않다. 엄마는 야단만 치고, 아빠는 아이와 재미있게 노는 역할만 한다면 좋은 팀이라고 할 수 없다. 아빠는 엄격한데 엄마는 마음이 약하다면 팀워크가 좋을 수 없다. 아빠는 사탕을 먹으면 안 된다고 말하는데, 엄마가 몰래 사탕을 주는 경우도 바람직하지 않다.

팀워크가 삐걱대면 아이가 부모 중 한쪽과 거래를 하게 되는 위험한 상황에 빠질 수 있다. 그러면 아이는 부모를 마음대로 주무르게 되고, 결국 가정에는 충돌과 혼란이 생긴다. 이럴 때 아이가 어느 한쪽 부모에게 꾸중을 들으면 한쪽은 '좋은 사람'이 되고 다른 한쪽은 '나쁜 사람'이 된다.

영화 〈미세스 다웃파이어〉에 나오는 장면이 전형적인 경우이다. 아빠는 절대로 아이들을 야단치지 않는다. 대신 자신은 언제나 아이들 편에 있다는 신호를 보낸다. 자연히 아이들은 엄마와 반대편이 되는 셈이다. 그 결과 몇 차례 혼란이 찾아온다. 엄마는 '엄한 역할'만 하는 자신의 위치에 분개하며, 자신도 즐겁게 살고 싶다고 외친다. 하지만 남편은 아내에게서 그 즐거움을 빼앗아버린다. 아이들은 '재미있는 아빠'와 즐거운 시간을 가졌으나, 결국 비극을 맞는다. 부모라는 팀은 와해되고, 가족은 찢어지고 만다. 순진하게도 단지 재미있는 아빠가 되고 싶다고 시작한 것이 모두가 고통받는 불행으로 끝나고만 것이다.

팀이 합심하면 이런 혼란이나 갈등의 여지를 없앨 수 있다. "누구 말을 들어야 해요?"라고 아이가 물으면 부모가 모두 주저

없이 답해야 한다.

"우리 둘 모두. 더 물어볼 거 있니?"

엄마 (부엌에서 거실에 앉아 있는 남편에게 소리친다.) 여보, 오늘 아이들 수영장에 데려다줄 수 있어?

아빠 3시에 운동하러 가는데, 수영 강습이 몇 시지?

엄마 1시부터 2시까지. 당신이 애들 데려다주고 기다리면 내가 2시까지 수영장으로 갈게. 그러면 3시에 운동하러 갈 수 있을 거야.

아빠 좋아, 그러지 뭐.

아서 (부엌에서 거실로 들어서며) 아빠, 과자 먹어도 돼요?

아빠 엄마가 부엌에서 점심 준비하시는 걸로 아는데? 엄마한테 먼저 물어보지 않았니?

(그날 저녁)

엄마 오늘 고마웠어, 여보.

아빠 내가 뭘 했다고?

엄마 오늘 아서한테 내 위신을 세워주었잖아. 나한테 먼저 물어보길래 점심 먹기 전에는 과자를 먹지 말아야 한다고 했거든. 게다가 당신이 도와줘서 오늘 아이들 없이 혼자서 정말 편하게 쉴 수 있었어. 고마워.

바람직한 부모는 건강하고 애정이 넘치는 '두 사람'으로, 자녀를 행복하고 건강하게 키우고자 하는 공동 목표를 갖는다. 그리고 목표를 이루기 위해 함께 노력한다. 이들은 서로 어떤 일을 좋아하고 싫어하는지를 잘 안다. 예를 들어, 엄마가 밤에 아이를 재우는 걸 힘들어 하는 반면 아빠는 졸려서 칭얼대는 아이를 잘 다룰 수도 있다. 이럴 땐 아이가 잠자리에 들기 전까지 엄마가 동화책을 읽어준다. 시간이 돼서 엄마가 잘 자라는 인사를 하고 나면, 아빠가 아이를 침대로 데리고 가서 재운다. 이것이야말로 최고의 팀워크이다.

그런데 아이들은 생각보다 훨씬 영리하다. 호시탐탐 빈틈을 비집고 들어올 기회를 엿본다. 아이들이 노리는 것은 어쩌면 남다른 재미일 수도 있고, 장난감일 수도 있다. 장담하건대, 부모의 마음을 움직이기 위해 기회를 노리고 있다가 재빨리 허를 찌른다.

축구 경기에서처럼 팀의 단결을 유지하려면, 부모라는 팀은 강력한 공격과 수비를 갖추어야 한다. 이때 공격이란 부모의 바람을 자녀에게 분명하게 전달하고, 규칙과 원칙을 정해 일관성 있게 지키는 것이다. 수비는 팀원인 아내 혹은 남편을 신뢰하고 규칙과 목표를 충실히 지킬 것이라고 믿는 것이다. 그래야 아이가 "과자 먹어도 돼요?"라고 물었을 때 부모 중 누구도 수비를 풀지 않을 수 있다. '식사 전에 간식을 먹어선 안 된다'는 것을 규칙으로 정했다면, 엄마는 안 된다고 말하고 아빠 역시 그 말을 지지해 주어야 한다. 그래야 아이가 분명하게 알아듣는다.

반면 패배했을 때, 즉 안 되는 것을 알면서도 어찌하다 보니 아이의 요구를 들어주었을 때는 '타임아웃', 즉 일시 정지를 하고 무엇이 잘못되었는지 아이에게 설명해 준다.

"점심시간이 다 되었다는 걸 깜빡하고 먹으라고 했구나. 내가 좀 더 신경을 써야 했는데. 하지만 너도 엄마가 한 번 안 된다고 했으면, 아빠에게 또 물어봐선 안 돼. 식사 전에는 과자를 먹어선 안 된단다, 얘야."

오늘날 대부분의 가정이 풍족한 생활을 위해 맞벌이를 한다. 이로 인해 부모는 결혼생활, 육아, 집안일, 바깥일 등으로 발을 동동거린다. 두 사람은 부모라는 이름의 롤러코스터에 함께 올라탔다. 롤러코스트에 비유하는 이유는 아이를 키운다는 것은 신이 나기도 하고 겁이 나기도 하는 일이기 때문이다. 승리의 순간에는 함께 환호하고, 부모로서 낙담에 빠졌을 때는 눈물도 흘리게 된다. 서로 용기를 북돋워주고 장점을 배우자. 기쁨은 나누면 배가 되고, 슬픔은 나누면 반이 된다.

07

부모의 걱정이 오히려 아이를 불안하게 한다

아이들은 모두 다르다. 각기 다른 유전자와 개성, 경험을 지니고 있기 때문이다. 또한 아이들에겐 각기 다른 재능과 능력이 있다. 세 살 된 옆집 아이가 재주넘기를 하는데 당신의 아이는 네 살이 되어서도 못한다면 많은 부모가 분명 뭔가 단단히 잘못되었을 것이라고 의심한다. 옆집 아이가 특별히 유연하다는 사실은 잊고, 자신의 아이보다 뛰어날지도 모른다는 사실에 부모는 불안해 하고 상처를 입는다.

하지만 아이들은 자신이 다른 아이보다 발달이 늦다고 자신감이 꺾이진 않는다. 아직 그런 것에 신경조차 쓰지 못한다. 오히려 부모가 걱정스런 목소리로 비교하는 모습에서 불안감을 느낀다. 아이가 모든 분야에서 최고가 될 수는 없다. 하지만 분명 무언가 한 가지에서만큼은 최고가 될 것이다. 그 무언가가 부모 마음에 들지 않는다 할지라도 말이다.

엄마들 몇몇이 젖먹이 아이를 무릎에 앉히고 둥그렇게 앉아 있었다.

"미아는 이가 났나요?"

한 엄마가 걱정스런 표정으로 물었다.

"그럼요. 벌써 5개나 났는걸요."

다른 엄마가 대답했다. 마치 자신의 아이가 '이 나기 시합'에서 일등이라도 한 것처럼 말이다.

"아, 그래요? 이단, 노아도 이가 났어요?"

걱정이 된 엄마는 계속해서 다른 엄마들에게 물었다.

"네, 노아도 벌써 첫니가 나기 시작하는걸요."

노아의 엄마가 대답했다.

"아, 정말 걱정이네. 병원에 가봐야 할까요? 에바는 아직 이가 나지 않았어요. 다른 아이들보다 2주나 빨리 태어났는데도 말이에요."

그 말에 이단 엄마가 빙긋 웃으며 대답했다.

"아이들은 각자 때가 되면 이가 나요. 내가 장담해요. 에바도 곧 이가 날 거예요. 젖을 먹이다 젖꼭지를 물리면 분명 이가 나지 않았을 때가 더 좋았다고 생각할걸요?"

순간 긴장감은 웃음으로 녹아내렸다.

처음으로 부모가 된 사람들은 비교의 덫에 걸려들기 쉽다. 자녀를 둘 이상 길러본 부모는 아이의 성장 속도나 과정에 대해 크게 걱정하지 않는다. 발달단계가 다른 아이들을 여러 번 봐왔기 때문이다.

주위에서 내 아이가 어떤 평가를 받고 있는지 지나치게 관심을 갖는다면 다른 아이들과 비교하는 데 너무 많은 시간을 허비하고 있다는 증거이다. 아이들은 모두, 심지어 쌍둥이끼리도 비교 대상이 될 수 없다. 물론 특정 연령대에 기대할 수 있는 일반적인 발달단계가 있기는 하다. 그리고 이런 발달단계는 아이가 제대로 성장하고 있는지 확인하는 데 도움이 된다.

아이를 다른 아이들과 비교하지 말아야 하는 것은 분명하지만 정신적·육체적·감정적 발달을 측정하기 위해서는 '아이의 과거 모습'과는 얼마든지 비교해도 좋다. 과거의 발달 정도와 비교해 아이의 행동이나 식성 등을 파악하고, 과거 수준에 기초해 공부나 놀이 능력을 평가할 수도 있다. 만약 아이가 갑자기 식욕을 잃거나 이전과는 다르게 행동한다면 부모는 본능적으로 무언가 잘못되었다고 느낄 것이다. 특히 새로운 행동이 상당히 오랫동안 지속될 경우에는 말이다.

의사들은 내 아이에게 뭔가 문제가 생겼다는 것을 알아채는 엄마의 직감을 높이 평가한다. 의사들이 곧바로 알아채지 못하는 미묘한 변화를 감지하기 때문이다. 다만 성급한 판단은 불필요한 걱정을 하게 만들 뿐이다. 부모라면 누구나 병원을 찾았을 때 의사에게서 이런 말을 들어보았을 것이다.

"아이들은 간혹 부모를 놀래키곤 하죠. 하지만 괜찮아요. 걱정하지 않아도 됩니다!"

몇몇 부모들이 자녀에 대해 편견을 갖는 것을 보면 마음이 아프다. 한 아이에 대해 '반항적'이라거나 '굼뜨다'고 하고, 다른 아이는 마치 신동이라도 되는 것처럼 이야기한다. 부모가 실수를 하는 것은 아이를 사랑하지 않거나 최선을 다하지 않기 때문이 아니다. 다만 올바른 방법을 모르기 때문에 혼란스러울 뿐이다.

아이들을 비교하다 보면 자연히 그중 누군가를 패배자로 만들게 된다. 불공정한 선입견과 정보를 바탕으로 평가하다 보면 당연히 아이들 중 누군가는 표준에 미달하게 된다. 아이가 소아과 의사가 간략하게 설명해 준 표준 발달단계에서 크게 벗어나지 않는다면 안심해도 된다. 당신의 자녀에겐 아무 문제가 없다. 모든 아이는 소중하고 유일하다.

08

아이에게 별명이나 꼬리표 대신 날개를 달아주자

자녀는 부모의 기대만큼 자란다는 말을 필자는 굳게 믿는다. 만약 당신의 아이를 어떤 식으로든 한정지어 버린다면, 아이는 그에 맞게 자랄 것이다. 이에 대한 유명한 연구가 있다.

새 학기를 맞은 교사들에게 이번에 맡게 될 학생들은 학습 부진아와 문제아라고 미리 귀띔해 주었다. 교사들은 그 말을 듣고 학생들에게 큰 기대를 하지 않았고, 학생들은 낮은 기대치만큼의 성취도를 보였다. 하지만 사실 그 아이들은 지극히 정상적이고 똑똑한 아이들이었다.

그 반대의 경우도 있다. 이번엔 평균에 못 미치는 학업 능력을 지닌 아이들을 아주 뛰어나고, 독창적인 학생들이라고 이야기했다. 교사들은 학생들에게 높은 기대치를 가졌고, 아이들은 그에 부응하여 아주 좋은 성적을 거두었다.

"아이에게 별명이나 꼬리표를 붙이지 마세요."

필자가 모든 부모에게 꼭 하고 싶은 말이다. 아무리 농담이라 할지라도 아이에게 상처를 주는 별명을 붙여서는 안 된다. 그러면 아이는 자존심에 상처를 입고 패배자가 된 것처럼 느낀다. 자신감을 잃을 뿐만 아니라, 결국 어떤 일도 적극적으로 도전해 보려고 하지 않는다.

40대에 접어든 한 남자는 어릴 적 신나게 그림을 그리고 있는 자신에게 어머니가 한 말을 똑똑하게 기억하고 있다고 했다.

"엄마, 제가 그린 그림이 마음에 들어요! 전 커서 화가가 될 거예요."

어린 그가 말하자 엄마가 말했다.

"다른 직업을 찾아봐. 화가는 배고픈 직업이야. 그리고 너는 그림에 소질이 없단다."

어린 그는 붓을 내려놓았고, 그후 두 번 다시 붓을 들지 않았다. 그 순간 자신 안에서 뭔가가 시들어버렸다고 그는 말했다.

네 살 혹은 여섯 살 어린아이에게 '야구선수'라거나 '요리사'라고 특정한 별명을 붙인다면 그 아이가 앞으로 만나게 될 미래의 도전과 바람에 대해 제한을 하는 셈이다. 아이의 내일 관심사가 오늘과 똑같다고 누가 장담할 수 있을까?

별명이나 꼬리표는 행동에도 영향을 미친다. 만약 아이를 '악당'이라고 부른다면 그 아이는 결국 악당이 될 것이다. 부모가 "너는 악당이야"라고 말하면 아이는 무의식적으로 '내가 악당이라면 정말 그럴듯한 악당이 되어야겠다'고 생각한다. 그리고 이 생각은 마음속 깊숙이 자리 잡는다.

필자가 꼬리표를 싫어하는 이유는 또 있다. 쉽게 뗄 수가 없어서이다. 특히 권위 있는 누군가가 붙여놓은 경우는 더하다. 자녀에게 한 번 붙은 꼬리표는 어느 곳이든 따라다니게 된다. 꼬리표를 붙여놓은 상황에서 벗어난다 할지라도 말이다. 예를 들어, 부모가 자녀에게 '장난이 심하다'는 꼬리표를 붙였다면 유치원에서도 장난이 심한 아이라고 인식된다. 전문적이고 객관적인 평가를 받지도 않은 채 말이다. 하지만 부모가 장난꾸러기라고 꼬리표를 붙인 아이는 실은 에너지가 넘치는 건강한 아이일지도 모른다.

또 하나 주의할 점이 있다. 수많은 부모가 자녀가 반항적으로 자라지는 않을지, 그래서 자칫 비행 청소년이 되지는 않을지 걱정하는 소리를 수도 없이 들었다. 그 부모에게 아이가 몇 살이

냐고 물으면 세 살 혹은 네 살이라고 답한다. 그럴 때면 필자는 웃으며 이렇게 말한다.

"그 나이대의 아이들은 말을 죽어라 듣지 않아요. 오죽하면 전문가들도 이때를 '미운 네 살'이라고 부르겠어요?"

아이를 내버려두자. 그토록 반항적이던 아이가 어느 날 갑자기 온순해졌다고 많은 부모가 이야기한다. 완전히 끝나기 전까지는 끝난 게 아니다.

부모 역시 자녀와 마찬가지로 성장하고 있다. 계속 발전하고 배우고 있다. 당신이 최선을 다해 태도를 바꾸고 인생의 변화를 꾀하는데, 가족이 예전의 당신 그대로 꼬리표를 붙여놓고 있다면 얼마나 실망스럽겠는가. 마치 발목에 큰 바윗덩이를 묶어놓고 달리기 시합을 하는 심정일 것이다. 하지만 사랑하는 사람들이 격려해 주고 더 잘 해낼 수 있다고 용기를 준다면 아마도 신발에 날개가 달린 것처럼 느낄 것이다. 우리 아이들에게 날개를 달아주자. 높이 날아올라 자신의 기량을 맘껏 펼칠 수 있도록 말이다.

09

아이에게 맞는 훈육법을 선택한다

아이들은 모두 다르다. 개성도 다르고, 성장 과정도 각기 다르다. 따라서 내 아이에게 맞는 훈육법을 찾는 것이 무엇보다 중요하다. 어떤 방법을 택했든 부모가 감정 조절을 잘하고 원칙을 지켜나간다면 분명 효과가 있을 것이다. 단, 아이의 인격을 짓밟거나 마음에 상처를 입혀서는 안 된다는 것을 명심하자. 부모와 자녀에게 가장 적합한 방법을 확신을 갖고 선택하자.

부모가 마음의 소리에 귀를 기울이고 순간의 감정에서 한 발짝 떨어져 생각한다면, 또한 상식적인 부모 역할을 따른다면 결코 자녀에게 그릇된 일을 하지 않을 것이다.

행동에 따른 결과를 직접 경험하게 한다

필자는 아이에게 자신의 행동에 대한 결과를 직접 겪게 하는 방법을 즐겨 사용한다. 특히 몹시 추운 한겨울에 코트를 입지 않은 채로 밖에 나가려 한다면, 이 방법이 아주 효과가 좋다. 아이의 마음을 바꾸는 데 2초면 충분하다. 밖에 나갈 때 왜 코트를 입어야 하는지 20분 동안 실랑이를 벌이는 것보다 훨씬 좋은 방법이다.

또 다른 예로는 바닥에 음식을 집어던지면 어떻게 되는지 직접 겪게 한다. 아이가 음식을 바닥에 던지면 다른 음식을 주지 말고 그대로 둔다. 아이는 곧 '음식을 집어 던지면 다른 음식을 먹을 수 없다'는 교훈을 얻게 될 것이다. 한 끼 거른다고 해서 큰 탈이 나는 것은 아니니 걱정 말자. 잘못을 한 후 30분에서 1시간 정도 지난 후 간식을 주면 된다. 그 정도면 아이가 배에서 꼬르륵 소리가 나는 불쾌한 경험을 하기에 충분하다. 하지만 배가 고파 쓰러지기엔 부족한 시간이다.

안전하기만 하다면, 때로 아이가 스스로 교훈을 배우도록 내버려두는 것이 귀중한 체험이 된다. 언제 이 방법을 활용해야 할지는 지극히 상식적으로 생각해야 한다.

논리적 결과를 경험하게 한다

행동에 따른 결과를 경험하게 하기 위해선 아이가 하겠다는 대로 내버려두면 된다. 예를 들어, 외출할 때 코트를 입지 않겠다고 우기면 그대로 하게 해서 코트를 입지 않으면 춥다는 것을 깨닫게 하면 된다. 논리적 결과는 그에 비해 조금 더 깊은 생각을 필요로 한다. 예를 들어, 바닥에 떨어뜨린 장난감 인형을 주우라고 했는데 아이가 말을 듣지 않는다면, 부모가 대신 인형을 주워 더 이상 가지고 놀지 못하게 하는 것이다. 아침에 깨웠는데 일어나지 않을 경우엔 아이에게 먹고 난 밥그릇을 설거지하게 하는 식이다. 논리적인 방식을 통해 규칙 위반에 대한 벌칙을 주어 즉시 실행에 옮기게 한다.

만약 아이가 똑바로 앉지 않고 의자에 올라서서 밥을 먹으면, 의자와 함께 아이를 구석에 데려가서 혼자 밥을 먹게 할 수도 있다. 여기에는 '의자에 서서 밥을 먹으면 가족과 함께 식사할 수 없다'는 논리적이고 합리적인 연결고리가 있다. 이 방식은 행동에 따른 결과를 그대로 겪게 하기에는 위험할 때 사용한다. 의자에 올라서서 밥을 먹게 그대로 두면 자칫 떨어져 큰 상처를 입을 수 있는 경우가 이에 해당한다. 그러니 각 상황에 맞게 생각하고 판단해야 한다.

또한 아이의 올바른 행동을 가장 논리적인 보상과 연결 짓는다. 연구가들은 올바른 행동에 대한 보상이 논리적일수록 동기부여가 잘된다고 한다. 단, 너무 비싸거나 극적인 것은 효과를 반감시킨다. 한 예로 좋은 성적을 받아올 때마다 용돈을 주는 것은 여가 시간을 주어 컴퓨터 게임을 할 수 있게 하는 것에 비해 그리 효과적이지 못하다. 아이가 장난감을 치우면 자연 깨끗한 바닥이 보상으로 따른다. 깨끗하게 정돈된 바닥에 담요를 깔고 함께 누워 이야기책을 도란도란 읽는 것도 논리적인 보상이다.

관심을 보이지 않는다

아이가 칭얼대거나 짜증을 낼 때는 관심을 보이지 않고 지나치는 것이 좋은 효과를 거둘 수도 있다. 단, 가족 모두가 합심해 같은 반응을 보일 때만 효과가 있다. 이 방법이 성공을 거두기 위해서는 아이가 어떻게 행동할 때 무시할 것인지 가족 사이에 합의가 있어야 한다.

'어리석음이란 각기 다른 결과를 기대하면서 똑같은 일을 반복하는 것이다'라는 말이 있다. 정신적으로 건강한 사람이라면, 효력이 없는 일은 계속 반복하지 않는 것이 보통이다. 이것은 아이도 마찬가지다.

물리적인 체벌은 절대 하지 않는다

체벌은 예전이나 지금이나 논쟁거리로 남아 있다. 필자는 절대 체벌을 하지 않는다. 체벌은 아무 효과가 없으며, 특히 아이를 돌보는 사람이라면 절대 해선 안 된다고 믿는다.

체벌을 허용해야 한다고 주장하는 전문가들이 있기는 하지만, 그들마저도 화가 난 상태에서 때리지 말 것, 조금이라도 자제력을 잃을 것 같으면 절대 때리지 말 것 등 수많은 전제 조건을 명시한다. 또한 손으로 때리는 것이 좋은지 매를 드는 것이 좋은지에 대해서도 의견이 분분하다. 이처럼 체벌에는 문제가 너무 많다. '교육'이라기보다는 '치욕'이라는 사실은 차치하고서 말이다. 체벌의 논리에는 '아이가 다른 아이를 때리지 못하도록 아이를 때린다'는 모순이 있다.

신체적인 처벌에 대한 지지를 뒷받침하기 위해 어떤 기독교인들은 성서를 인용하곤 한다. 예수님이 신의 궁전에서 사채업자를 채찍으로 쫓아낸 경우가 있기는 하지만, 약하고 가난한 자들을 위해 '어른들'을 그렇게 다루었던 것이다. 이는 신성한 장소가 더럽혀진 데 대해 정의의 분노가 흘러나왔던 특별한 예이다. 이것은 부모가 자신의 아이를 불량배에게서 지켜내려는 것에 비할 수 있다. 아이들에 대한 종교적 접근의 맥락 역시 비폭력적인 방식으로 진리를 가르치고 균형을 갖춰 사랑하라는 것이다.

행복한 부모, 건강한 자녀를 위한 12가지 원칙

1. 서로 사랑한다.

사랑과 함께라면 전투에서는 패배할지 몰라도 전쟁에서는 결코 지지 않는다.

2. 친구가 아닌 부모가 되어준다.

지금부터 20년 후, 아이는 당신의 가장 멋진 친구가 되어 있을 것이다.

3. 아이들은 모두 훌륭하다.

간혹 문제가 되는 것은 아이의 행동이다.

4. 긍정적인 태도를 유지한다.

모든 사람들이 긍정적일 때, 혼자서 부정적이기는 어렵다.

5. 꾸지람과 훈련은 동의어이다.

성서에는 이런 말이 있다. "마땅히 행할 길을 아이에게 가르치라. 그리하면 늙어도 그것을 떠나지 아니하리라." (잠언 22장 6절)

6. 꾸지람은 사랑에서 나온다. 반면 체벌은 분노에서 나온다.

꾸지람은 사랑의 행동이다.

7. 부모는 한 팀이 되어야 한다.

단합된 팀이 경기에서 이기는 법이다. 부부가 항상 함께 한다.

8. 늘 대화한다.

대화는 원만한 인간관계를 위한 성공의 열쇠이다.

9. 준비하는 부모가 된다.

미리미리 준비하는 부모는 아이를 이끈다. 그렇지 않은 부모는 아이의 행동에 따라 수동적으로 반응할 뿐이다.

10. 일관성을 지닌다.

규칙은 일관되게 지킬 때만 효과가 있다.

11. 자녀가 하는 말을 귀담아듣는다.

사람에게 귀가 2개이고 입은 하나인 데는 이유가 있다. 말하는 것보다 더 많이 적극적으로 듣자. 눈을 맞추고, 머리를 끄덕이고, 적절한 질문을 하자.

12. 칭찬을 아끼지 않는다.

부정적인 단어가 한 번 튀어나올 때마다, 칭찬을 두 번씩 해준다.

PART 2

처음 버릇, 사랑만큼 원칙이 중요하다

부모는 아이의 자존감 바구니를

가득 채워주어야 한다.

그래야 세상일로 인해

자존감이 메마르지 않을 테니까.

- 앨빈 프라이스(Alvin Price)

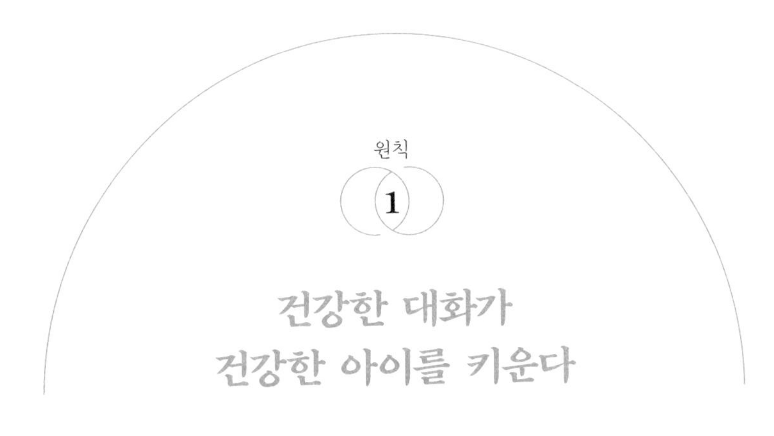

일단 결혼과 가족이라는 기틀을 마련했다면, 어떻게 하면 애정이 넘치는 아름다운 가정을 꾸려나갈 수 있을까? 그것은 바로 효과적으로 의사소통을 하는 것이다. 좋은 의사소통은 성공적인 인간관계를 위한 열쇠이다. 나와 배우자, 자녀가 독심술을 쓰지 않는 이상 행복하고 건강한 가족이 되기 위해서는 원활하게 대화할 수 있어야 한다.

필자는 중학교 2학년 때 학교 고적대 대원으로 활동하면서 중요한 교훈 한 가지를 배웠다. 고적대원들이 대열을 갖추고 지시를 기다리면 지휘자는 이렇게 말하곤 했다.

"내 눈 똑바로 쳐다봐! 눈으로 들어!"

지휘자는 말로 지시를 내리기에 앞서 우리가 주목하기를 바랐다. 필자는 그 말을 지금도 소중하게 간직하고 있다. 배우자나 자녀가 산만하게 굴며 당신이 하는 이야기를 제대로 듣지 않는다면, 하던 이야기를 마무리 지을 수 없다. 이럴 때는 정말 기분이 엉망이 된다. 이런 경험이 한두 번쯤 있을 것이다.

잘 들으려면 노력을 해야 한다. 상대방이 하는 말에 집중해서 무슨 이야기를 하는지 놓치지 않고 따라가야 한다. 집중해서 듣는다는 것은 그 사람의 목소리, 어조, 단어, 보디랭귀지에 귀 기울이고 눈을 쳐다보는 것이다. 잘 듣고 있다는 것을 알리기 위해 상대에게 반응도 보여주어야 한다.

어울려 듣고 말하는 법을 가르친다

여러 사람들과 원활하게 대화하려면 자기 순서를 기다렸다가 말하는 것이 중요하다. 이는 가정 내에서도 충분히 훈련할 수 있다. 한 사람씩 순서를 정해 돌아가며 미리 정한 시간 동안 이야기를 하고 다른 사람은 그동안 '청취자'가 되는 것이다.

대화에 끼어드는 방법을 가르치는 것도 중요하다. 이야기를 시작하기에 앞서 "실례지만"이라고 말함으로써 다음에 이어질 대화에 참여할 수 있다. 단, "실례지만"이라고 말했다고 해서 곧장 말할 기회가 주어지는 것은 아니다. 아주 급한 일이 아니라면 엄마가 "그래, 무슨 말을 하려고?"라고 할 때까지 기다리게 한다.

잘 듣는 아이에겐 잘 들어주는 부모가 있다

부모가 먼저 상대방의 이야기를 잘 들어주는 모습을 보여야 자녀에게 잘 듣는 사람이 되도록 가르칠 수 있다. 만약 온전히 집중해서 들을 수 없는 상황이라면 먼저 이렇게 말한다.

"이 일을 먼저 마치면 안 될까? 그다음에 이야기하자."

그런 후엔 일을 끝내자마자 아이에게 온전히 집중한다. 대화를 할 때는 아이의 눈을 똑바로 바라본다. 텔레비전이나 컴퓨터 모니터를 보면서 아이가 하는 이야기를 들어서는 안 된다. 이야기를 듣고 있다는 것을 알 수 있도록 미소를 짓거나 고개를 끄덕여준다.

대답을 하기 전에 우선 "할 이야기가 또 있니?"라고 묻는다. 그리고 자신의 생각을 말해도 좋은지 먼저 동의를 구한다. 예를 들어, "마음이 상했다니 안됐구나. 네 기분이 좀 나아지도록 얘기를 좀 해도 될까?"라고 묻는다.

아이의 비언어적 표현도 주목한다

각자의 생각과 느낌을 어느 정도 공유한다고 해서 늘 효과적으로 의사소통을 하는 것은 아니다. 의사소통에는 2가지 유형, 즉 언어적인 것과 비언어적인 것이 있다. 말과 행동이 조화를 이루지 못하면 문제가 생기고 혼란이 일어난다.

예를 들면, "오늘 어땠니?" 하고 묻자 아이가 생긋 웃으며 "좋았어요!"라고 대답한다. 이것은 언어적 표현과 비언어적 표현이 일치한다. 내용에 맞는 활발한 어조와 표정으로 주고받는 메시지가 분명하다. 반면 아이가 고개를 푹 숙이고 입술을 삐죽 내밀고선 "좋아요!"라고 대답하고는 고개를 저쪽으로 홱 돌린다면 어떨까? 아이가 무언가를 숨기고 있다는 것을 즉시 알아챌 것이다. 아이의 태도에는 대답과는 달리 좋지 않았다는 것을 알려주는 표현이 섞여 있다.

아이를 진심으로 이해하려면 언어적 표현과 비언어적 표현 모두 집중해야 한다. 사실 피곤하거나 바쁠 때는 집중하기가 무척 어렵다. 하지만 그 2가지를 잘 살피면 분명 놀라운 결과를 얻게 될 것이다.

이제 앞의 예를 뒤집어보자. 아이에게 이야기할 때도 언어적 요소와 비언어적 요소가 조화를 이루어야 한다. 예를 들어,

이야기할 때 아이가 집중하기를 바란다면 어떤 제스처를 취해야 할까? 허리를 구부려 아이의 눈을 똑바로 바라보아야 한다. 때로 손이나 어깨를 부드럽게 감싸 쥐는 것도 큰 도움이 된다.

야단칠 때는 엄한 목소리로 나무라고, 용기를 북돋워주기 위해선 자랑스러움이 배어나는 목소리로 이야기하며 등을 두드려준다. 보디랭귀지와 말이 조화를 이루면 아이는 훨씬 쉽고 정확하게 이해한다.

어떤 행동이 바람직하고, 어떤 행동이 그렇지 않은지를 아이에게 알려줄 때도 마찬가지다. 아직 말을 하지 못하는 어린아이가 콘센트에 꼽힌 플러그를 자꾸 잡아당긴다면 몸을 낮춰 엄한 눈빛으로 바라보며 "안 돼! 플러그는 잡아당기는 게 아니야"라고 단호하게 말한다. 아이는 말을 알아듣지는 못하지만 자신이 한 행동이 엄마를 기쁘게 하지 않는다는 것을 즉각 알아차린다.

'엄마가 좋아하지 않는 것 같아. 엄마의 화난 얼굴을 보지 않으려면 플러그를 뽑지 말아야지.'

분명한 보디랭귀지와 어조는 아이를 혼란에 빠뜨리지 않는다.

건강한 가정을 위한 대화법

1. 부부가 원활한 의사소통을 한다.

    문제가 무엇인지 정확하게 설명해야 오해의 여지가 없다. 무슨 문제인지 모른다면 어떻게 도와줄 수 있겠는가.

2. 아이의 이야기를 집중해서 듣는다.

    아이가 하는 말에 관심을 기울이고 있다는 것을 보여준다. 그러려면 어떻게 해야 할까? 하던 일을 잠깐 멈추고 아이의 눈을 마주 본다. 가능하다면 아이 눈높이에 맞춰 몸을 낮춘다.

3. 서로에게 힘이 되어준다.

    부부는 한 팀이다. 남편 혹은 아내의 생각에 동의한다는 것을 보여준다. 친절한 한마디로 서로에게 큰 힘이 되어줄 수 있다. 아내 혹은 남편에게 이렇게 말해보자.

"잘될 거야. 당신의 결정을 믿어."

4. 자주 큰소리로 웃는다.

웃음은 만병통치약이다. 억지로라도 웃으면 기분이 훨씬 나아진다.

5. 서로에게 감사 표현을 한다.

아내 혹은 남편에게 얼마나 많이 애쓰고, 헌신하고, 노력하는지 알고 있으며 고맙다고 말하자.

6. 화가 난 상태로 잠자리에 들지 않는다.

어느 가족은 말끝마다 "사랑해!"라는 말을 붙인다고 한다. 불확실한 세상에서 어쩌면 오늘 아침 서로에게 했던 "사랑해"라는 그 말이 마지막이 될 수도 있다.

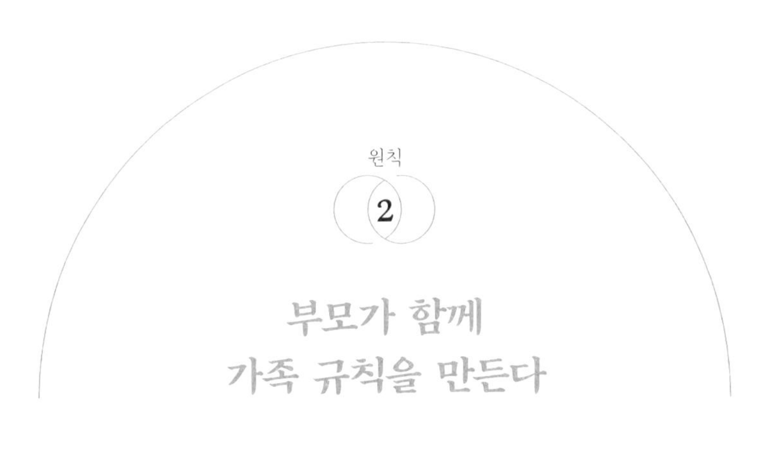

원칙 2

부모가 함께 가족 규칙을 만든다

훌륭한 스포츠팀에 최상의 결과를 만드는 전술표가 있는 것처럼 훌륭한 가정에도 그들에게 맞는 규칙이 있다. 그렇다면 가족 규칙에는 어떤 것을 넣고, 어떤 방식으로 정해야 할까? 가족 규칙을 만들 땐 잘 지킬 수 있는 규칙을 정하는 게 중요하다. 우선 부부가 꼭 지켜야 할 규칙, 지켜야 할 규칙, 지키면 좋은 규칙 등 3가지 목록을 각자 만든다.

'꼭 지켜야 할 규칙'에는 안전과 관련된 규칙을 모두 넣는다. 가족의 안전을 지키는 데 꼭 필요한, 말 그대로 반드시 지켜야 하는 규칙이다. 때문에 아이가 비명을 지르고 가구를 발로 차도 절대로 양보해서는 안 된다.

'지켜야 할 규칙' 목록에는 타협할 여지가 있는 규칙을 적는다. 각자 의견이 다를 수 있는 것들로 거실에 장난감을 둔다, 식탁에 얌전히 앉는다, 부엌에서만 밥을 먹는다, 텔레비전은 저녁에만 본다 등이 여기에 포함된다. 비교적 중요하지 않은 생활 방식에 대한 것들로, 지키지 않으면 집 안이 엉망이 되겠지만 잘 지키면 일상생활이 원만해지는 규칙이다.

마지막으로 '지키면 좋은 규칙' 목록을 써보자. 여기에는 반드시 지킬 필요는 없지만 지키면 좋은 것들이 포함된다. 즉, 가족에게 큰 영향을 미치는 규칙은 아니란 의미이다. 엄마 스타일로 양말 개는 법, 화장실 휴지를 아래로 감지 않고 위로 감아놓는 것 등을 예로 들 수 있다.

부부가 각자 목록을 작성했으면 이제 서로 비교해 본다. 그리고 상의해서 '꼭 지켜야 할 규칙'을 최종적으로 정한다. 이렇게 서로 상의하는 것은 부모가 지키지 않는 가족 규칙은 만들 필요가 없기 때문이다. 다음으로 '지켜야 할 규칙' 중에서 각각 맨 위에 쓴 2가지만 고른다. 그 나머지와 '지키면 좋은 규칙' 목록은 편안한 일상을 위해 없애버린다.

각각의 규칙은 상대적일 수 있다. 내게는 '지키면 좋은 규칙'이 남편 혹은 아내에겐 정말로 중요하다면 선뜻 양보해 주자. 어쨌든 부부가 의논해서 10가지 정도를 정한다. 적으면 적을수록 더 좋다. '지켜야 할 10가지 가족 규칙'을 만든 다음엔 간단명료하게 정리한다. 그래야 잘못 해석할 여지가 없기 때문이다.

다음은 가족 규칙으로 자주 사용되는 10가지 항목이다.

1. 아무 물건이나 함부로 만지지 않는다.
2. 가족을 서로 존중한다.
3. 소리 지르지 않는다.
4. 가구를 발로 차지 않는다.
5. 어른만 냉장고와 찬장을 연다.
6. 화장실을 다녀온 후와 밥 먹기 전에는 반드시 손을 씻는다.
7. 식탁에서는 얌전하게 앉아 있는다.
8. 집 안에서 공놀이를 하지 않는다.
9. 장난감으로 사람을 때리거나 다치게 하지 않는다.
10. 나이에 맞는 장난감을 가지고 놀고, 나이에 맞는 텔레비전 프로그램만 본다.

위 규칙에 대해선 협상의 여지를 두어선 안 된다. 이 10가지 규칙을 어기면 절대 안 된다는 것을 아이에게 분명하게 전달한다. 모두가 둘러앉아 규칙의 의미를 확인하고 질문하거나 답을 해준다. 그러고 나서 가족 규칙을 벽에 붙여 모두 볼 수 있게 한다.

이제 곧 당신은 시험에 들게 될 것이다. 만약 아이가 규칙을 어기면 어떻게 해야 할까? 아이가 그 결과에 대해 분명하게 이해하도록 해주어야 한다.

지키지 않는 규칙은 없는 게 낫다

아이가 태어나는 순간부터 훈육과 가르침이 시작된다. 처음으로 무언가를 할 때는 그것이 무엇이든 기준을 세워 시작해야 한다. 그리고 일관성을 지켜야 한다. 아이를 폭군으로 키우고 싶지 않다면 말이다. 혹 잘못된 규칙일지라도 이랬다저랬다 하는 것보다는 일관되게 지키는 것이 낫다.

'밥은 식탁에서만 먹는다'고 규칙을 정했는데, 그 이외의 곳에서 식사를 한다면 아이는 규칙의 정당성을 의심하기 시작한다. 거실에서 밥을 먹는 것이 나쁜 일은 아닌 데다가, 어디에서든 자유롭게 식사를 하는 다른 집도 있기 때문이다. 중요한 것은 규칙이 무엇이든 지켜야 한다는 것이다.

일관성은 가족이 원만하게 항해하는 데 큰 역할을 한다. 부모가 일관성을 지니면 아이가 자신의 행동이 어떤 결과를 일으킬지 미리 짐작할 수 있다. 또한 일관되게 대응하면 결국 아이의 행동은 달라진다.

부모는 항상 가족 규칙을 지키고, 아이가 가족 규칙을 어겼을 때는 나이에 맞는 훈육을 해야 한다. 한 번이라도 합당한 이유와 분명한 설명 없이 규칙을 어기거나 편리하게 바꾸어버리면, 같은 상황이 일어날 때마다 매번 아이와 전쟁을 치러야 한다. 아이가 '난 지난번에 5분 동안 울었어. 그랬더니 아빠가 포기하더라고. 내가 조금 더 시끄럽게, 조금 더 오랫동안 울면 이번에도 분명 또 포기할 거야'라고 생각하기 때문이다. 부모가 평정심을 잃지 않으려면 항상 아이보다 한 발 앞서가야 한다. 명쾌하고 일관되게 말이다.

부모의 대답은 항상 같아야 한다

가족 규칙을 만들고 아이에게 분명하게 설명하고 일관되게 지켰다면, 이제 팀워크로 성공을 마무리할 차례다. '칭찬은 모두가 알게, 질책은 아무도 모르게'라는 멋진 말이 부모가 팀워크를 발휘하는 데 큰 도움이 될 것이다.

부부는 한 팀이다. 적어도 아이 앞에서만큼은 부모는 늘 한 팀으로 보여야 한다. 무엇이 최선인지에 대해 아이 앞에서 다투어서는 안 된다. 아이 앞에서의 대화는 이러해야 한다.

"엄마, 나 텔레비전 볼래요."

"우리 집 규칙 알잖니. 식사 중에는 텔레비전 보지 않기로 했잖아."

"아빠, 나 텔레비전 봐도 돼요?"

"엄마가 뭐라고 했지? 밥 먹을 때는 텔레비전을 보면 안 돼. 이건 가족 규칙이야."

이제 '식사 중에는 텔레비전을 보지 않는다'는 규칙이 명확해졌다. 아이에게 '밥 먹을 때 텔레비전은 금물이다'라는 것이 명쾌하게 전달되었다. 또한 일관적이다. 이제 가족은 이 규칙을 지킨다. 자, 간단하지 않은가?

또 다른 상황에 대해 예를 들어보자. 마음이 바뀌어서 식사 중에 텔레비전을 보도록 허락하고 싶다면 어떻게 해야 할까? 이미 알고 있듯, 이런 종류의 토론은 '타이밍'이 중요하다. 텔레비전 앞에서, 아이가 바라보고 있는데 이 문제를 논의하는 것은 적절하지 않다. 가족 규칙을 고치되, 앞서 한 절차에 따른다. 그리고 마찬가지로 아이에게 새롭게 고친 규칙을 설명한다.

"얘들아, 너희들이 좋아할 소식이 있단다. 엄마, 아빠 모두 너희들이 아주 예의 바르게 저녁 식사를 한다고 생각해. 반찬을 흘리지도 않고, 밥 먹을 때 돌아다니지도 않았기 때문에 텔레비전을 볼 수 있는 점수를 받았단다. 이제 식사 중에도 너희들이 좋아하는 프로그램을 볼 수 있어."

"와! 신난다."

이 같은 방법으로 부모는 한 팀이 되어 권위를 잃지 않고 규칙을 바꿀 수 있다. 더불어 가족에 대한 부모의 바람과 목표가 확실하게 전달된다. 부모가 한 팀이 된 덕이다.

가족 규칙을 잘 지키려면

1. 한다고 했으면 한다.

말한 대로 실행에 옮겨야 부모의 말에 신뢰가 쌓인다. 하겠다고 말한 것은 반드시 한다는 걸 아이에게 확실히 보여준다.

2. 부모로서의 책임감을 갖는다.

책임자는 부모이며, 한계와 규칙을 세우고 지키는 것 역시 부모의 몫이다. 부모는 권리와 함께 책임을 지닌다.

3. 한정된 범위 내에서 선택권을 준다.

아이에게 묻고 선택하게 한다. 스스로 선택할 수 있는 기회를 주는 것은 자신의 운명을 이끌 힘을 기르고, 튼튼한 내면의 나침반을 세우게 하는 기초가 된다.

원칙

3

따끔하게 꾸짖되 사랑으로 어루만진다

당신의 아이가 문밖 진짜 세상으로 나갈 준비가 되면 자발성, 자제력, 애타심, 적극성 등 필요한 모든 것을 다 갖춰주었는지 걱정이 될 것이다. 자녀에게 해야 할 것과 하지 말아야 할 것을 가르치는 건 부모에게 부여된 책임이다. 방관적인 태도로 야단만 치는 건 아이에게 엄청난 학대가 될 수도 있다. 하지만 처음부터 훈육에 대한 기초를 잘 다져놓으면 일상이 한결 수월해지고, 아이의 자제심을 키울 수 있다. 자녀와 부모 모두 일시적인 감정의 상처를 현명하게 피할 수 있도록, 아이가 어릴 때부터 올바른 훈육 체계를 갖추자.

효과적으로 꾸짖기 위한 4가지 기본 법칙

첫째, 꾸지람과 벌은 다르다.

많은 부모가 '훈육'과 '벌'의 차이를 제대로 이해하지 못한다. 종종 두 개념을 부정확하게 쓰기도 하고, 바꾸어 생각하기도 한다. 두 단어의 차이를 분명하게 인식하는 것이야말로 확실한 훈육을 위한 첫 번째 법칙이다.

훈육은 일정한 품성과 행동 기준에 도달하기를 바라며 하는 일련의 훈련으로, 특히 윤리적·정신적 향상을 도모한다. 우리가 자녀를 훈육하는 것은 자제심을 가르치고 실천하게 하기 위해서다. 그래야 아이가 이 험난한 세상에서 살아갈 수 있다.

반면 사전에선 '벌'을 이렇게 정의한다. '잘못하거나 죄를 지은 사람에게 주는 고통.' 즉, 벌은 결과에 대한 단순한 대응이다. 깊이 생각한 결과물이 아니라는 뜻이다. 식탁에서 음식을 던졌다고 엄마에게 손바닥으로 호되게 맞았다면, 아이는 무엇을 가장 먼저 기억하게 될까? '음식을 던지면 안 된다'일까, 아니면 '엄마가 손으로 때려서 아팠다'일까? 당연히 아이는 손으로 맞은 것에 대한 육체적인 아픔과 감정적인 상처를 먼저 기억한다. 그리고 이 느낌은 무척이나 강력해서 '벌'과 '잘못'을 연관 짓지 못할 수도 있다. 아이는 가르침을 받기보다는 그저 일시적인 아픔에서 벗어나려고만 하게 된다.

둘째, 규칙을 명확하게 알려준다.

부모가 무엇을 바라는지, 어떤 규칙을 지켜야 하는지 정확하게 말해주지 않는다면 아이가 어떻게 알 수 있을까? 앞서 말했듯이 아이에게 가족 규칙뿐만 아니라, 바람직한 행동이 어떤 것인지 정확하게 이해시켜야 한다.

우선 아이와 함께 규칙에 대해서, 그리고 부모가 바라는 것이 무엇인지에 대해서 이야기한다. 그러고 나서, 같은 팀으로서 함께 가족 규칙을 지켜나간다. 단, 가족 규칙과 기대치는 자녀의 나이에 맞게 정해야 한다. 예를 들면, 18개월 된 아이에게 방 청소를 기대할 수는 없다. 대신 물을 마시고 난 다음엔 컵을 주방에 가져다놓으라고는 할 수 있을 것이다.

아이는 또한 규칙을 지키지 않거나 부모의 바람대로 행동하지 않을 때 당연히 따라올 결과에 대해서도 분명하게 알고 있어야 한다. 물론 이것 역시 나이에 맞아야 한다. 18개월짜리 아이가 바닥으로 컵을 던졌다면 컵을 압수해 버리는 것도 좋은 방법이다. 반면 세 살짜리 아이가 그렇게 했다면 "이제 식사 시간은 끝났어"라고 말한다.

셋째, 잘못된 행동은 끊임없이 고쳐주고, 잘했을 땐 칭찬해 준다.

잘못된 행동은 고쳐주고, 잘했을 때 칭찬해 주는 것은 아주 중요하다. 일관성은 효과적인 꾸지람 중 가장 큰 부분을 차지한다. 바람직하지 못한 점에 대해 미리 말해주고 일관되게 대응하면 아이의 행동이 달라진다. 마찬가지 방법으로 긍정적인 행동도 키울 수 있다. 자신이 한 바람직한 행동에 대해 꾸준히 칭찬을 받으면 아이에게 그 행동은 습관이 된다.

"동생에게 아주 잘해주는구나! 얼마나 대견한지!"

해도 되는 행동과 하지 말아야 할 행동에 대해서도 일관성이 있어야 한다. 일관성이 없으면 아이는 혼란에 빠진다. 또한 부모가 무엇을 기대하는지도 알 수 없게 된다. 이것은 '안 돼'라는 말을 듣는 것보다 훨씬 더 큰 부담으로 작용한다. 아이는 부모가 무엇을 바라는지 정확히 알 때 안정감을 느낀다. 분명 '안 돼'라는 말을 들은 그 순간에는 아이가 실망감을 드러낼 것이다. 하지만 일관성 있는 규칙의 틀 안에서 자라는 아이는 감정적으로 보다 행복하고 건강하다.

넷째, 아이를 진지하게 대한다.

아이 자신이 아니라 아이의 '행동'을 꾸짖는 것이라고 분명하게 말한다. 절대 착한 아이 혹은 나쁜 아이로 평가하지 말아야 한다. 앞에서 말했듯이 '못됐다', '나쁘다'는 꼬리표를 붙이는 것은 아이의 자존감을 떨어뜨리는 행위이다. 나무랄 때는 아이가 한 행동과 태도에만 한정한다. 아이가 꾸지람을 듣는 중에도 부모가 자신을 사랑하며 가족의 구성원으로서 존중받는다고 느끼게 해야 한다.

아이가 여럿이라면 각 아이의 개성과 기질을 고려해 꾸짖는 것도 중요하다. 어떤 아이에게는 타임아웃을 하는 것이 효과적일 수 있고, 어떤 아이에게는 텔레비전을 일정 시간 보지 못하게 하는 것이 효과적일 수도 있다. 단, 절대 협박을 해서는 안 된다.

'안 돼'라는 말에 죄책감을 가질 필요는 없다

'안 돼'라는 말을 들었을 때, 또는 실패를 경험했을 때 부적절하게 행동하는 어른들이 있다. 비행기가 연착되어 한참 동안 긴 줄에 서 있노라면 그중 한두 명은 불같이 화를 내곤 한다. 화를 참지 못하는 어른의 행동은 마치 취학 전 아동의 그것과 비슷하다. 골프채나 테니스 라켓을 함부로 집어던지는 어른도 있다. 이것은 결코 보기 좋은 장면이 아닐뿐더러 좋은 본보기도 아니다. 왜 이들은 이런 식으로 스스로를 학대할까? '안 돼'라는 말을 들었을 때 어떻게 해야 하는지를 배운 적이 없기 때문이다. 어른이 되면 일상생활에서 늘 '안 돼'라는 말을 듣는다. 그러므로 아이들에게도 거부당했을 때의 느낌과 그 감정을 올바르게 다루는 방법을 가르쳐야 한다. 예를 들어보자.

"엄마, 나 과자 먹어도 돼?"

"안 돼."

그러자 아이가 소리친다.

"왜, 엄마? 나 지금 과자 먹고 싶어!"

"과자를 먹고 싶은 네 마음은 알아. 과자를 먹을 수 없어서 속상하지? 속상한 마음이 들어도, 이제 곧 점심시간이라 과자를 먹어선 안 돼."

부모는 '안 돼'라고 명확하게 말함으로써, 아이에게 분명하게 의사를 전달하는 동시에 그 이유도 알려주었다. 또한 '속상한 마음을 안다'고 인정해 줌으로써 아이의 말에 귀 기울였다는 것도 보여주었다.

부모는 자녀가 살아가면서 부딪히는 사소한 실패와 좌절을 올바르게 다룰 수 있는 힘을 길러주어야 한다. 사랑이 넘치는 가정이라는 안전한 울타리 안에서 첫 패배를 경험하는 것이 가장 좋기 때문이다. 문밖의 진짜 세상, 지켜주고 챙겨줄 부모가 없는 곳에서보다는 가정 안에서 실패를 생산적으로 다루는 법을 제대로 배울 수 있다.

'안 돼'라고 말하는 법, '안 돼'라는 말에 대응하는 법을 배우지 못한 탓에 얼마나 많은 어른이 실생활에서 난처해 하는지 모른다. 저녁 뉴스에 나오는 운동선수들의 형편없는 스포츠맨십 또는 불만에 가득 찬 어른들이 보이는 행동을 생각해 보자. 누구도 내 아이가 어른이 되었을 때 그렇게 행동하기를 바라지는 않을 것이다.

상처 주지 않고
단호하게 꾸짖으려면

1. 꾸짖되 상처는 남기지 않는다.

꾸지람은 사랑에서 나온다. 하지만 체벌은 분노에서 나온다.

2. 같은 기준으로 판단한다.

판단 기준은 늘 동일해야 한다. 부모의 기분에 따라 기준이 달라지면 규칙이나 꾸지람은 아무 의미가 없다.

3. 침착하게 행동한다.

아이들은 모두 착하다. 단지 아이들의 행동이 가끔 부모를 아프게 할 뿐이다. 감정에 치우치지 않고 아이의 행동에 대해서만 이야기한다.

4. 아이의 감정에 공감한다.

아이의 말에 귀 기울이자. 아이의 감정을 인정하고 받아 주고, 말로 표현해서 부모가 자신의 감정을 알고 있음을 확인시켜 준다.

5. 잘했을 땐 칭찬해 준다.

칭찬은 좋은 행동을 북돋워주는 아주 훌륭한 방법이다. 단, 무조건적인 칭찬이 아니라 그 행동에 대해서만 칭찬한다.

6. '안 돼'라고 말한다.

'안 돼'라는 말을 아끼면, 아이는 실망과 좌절을 다루는 법을 배우지 못하게 될 것이다.

7. 감정이 격해지면 잠시 멈춘다.

당신은 지금 배고프고, 화나고, 고독하고, 피곤에 지쳐 있는가? 만사가 귀찮다면 잠시 쉬면서 차분해질 때까지 기다렸다가 다시 기운을 차린 후에 생각해 보자. 부모도 마음을 다스릴 시간적 여유가 필요하다.

원칙

4

정서적으로 안정된 아이로 키운다

자신이나 주변 환경이 마음에 들지 않을 때가 있다. 이런 시련의 시기를 어떻게 이겨낼 수 있을까? 자신의 가치를 확신하지 못하는 사람은 인생을 힘들게 살아간다. 필자의 어머니는 무조건적인 사랑을 보여주었다. 필자는 어머니에게 가장 소중한 존재였다. 그래서 필자 역시 자신을 소중히 여긴다.

아이의 자존감을 세워주는 것은 고층 건물을 짓는 것과 같다. 세심하게 관심을 기울여야 하는 아주 더딘 과정이다. 무엇보다 기초를 튼튼하게 다지는 것이 중요하다. 그러지 않으면 건물이 높아질수록 점점 기울고 만다. 자신이 얼마나 소중하고 가치있는 존재인지를 깨닫도록 부모의 말과 행동으로 보여주자. 그러면 아무리 힘든 환경에서라도 올바른 가치관을 물려받는다.

사랑과 칭찬으로 자존감을 키운다

필자는 늘 냉장고에 '아이를 칭찬하는 100가지 말'이라는 메모를 붙여놓는다. 아이가 잘못을 해서 꾸중을 할 때도 그중에서 글귀 하나를 찾아내 들려준다.

"에밀리, 넌 엄마에게 아주 소중해."

잔뜩 흥분해 바닥에서 뒹굴고 있는 아이에게 그것은 어떤 의미일까? 아이는 '아, 내가 이렇게 못되게 굴어도 엄마는 날 사랑하는구나'라고 생각한다. 이런 경험만으로도 아이는 변함없는 진리를 이해한다.

'내가 무슨 짓을 하고, 무슨 말을 하든지, 아무리 자주 혼이 나도 나는 사랑받고 있어.'

무조건적인 사랑의 힘은 정말이지 위대하다. 자신이 사랑받고 있으며 가치 있는 존재라는 확신을 지닌 아이가 인생의 부침을 얼마나 잘 다루게 되는지 안다면 아마 깜짝 놀랄 것이다. 스스로를 가치 있는 존재라고 느끼는 아이는 또한 다른 사람을 배려하고 자연스럽게 애정을 표현한다. 그리고 살면서 만나게 되는 실망감이나 좌절을 적절히 다루고 문제를 해결하기 위해 창의력을 발휘한다.

모든 부모에게 아이를 야단칠 때 아이가 아닌 아이의 행동을 지적하라고 누누이 강조하는 것도 아이의 자존감을 건드리지 말라는 의미이다. 아이에게 직접적으로 "나쁜 녀석"이라고 말하는 것은 아이에게 '패배자'라는 딱지를 붙이고 사기를 꺾는 일이다. 아이의 자존감은 부모의 말 한마디에 무너져 내릴 수 있다. 그것을 다시 일으켜 세우려면 몇 배의 노력이 필요하다. 한번은 한 엄마가 하소연을 했다.

"참 속상해요. 오늘 남편이 아이한테 여자애처럼 공을 던진다고 놀렸어요."

"이런, 어쩌다 그런 말이 튀어나온 거예요?"

"아이는 이제 막 공 던지기를 배우는 중인데, 남편은 아무 생각 없이 더 잘하라고 말했던 것 같아요. 그 말 한마디에 재미있는 놀이가 끝나버렸지 뭐예요. 아이가 글러브를 내팽개치고 저한테 달려오더라고요. 눈물을 주룩주룩 흘리면서."

"그래서 뭐라고 했어요?"

"엄마도 누군가한테 그런 말을 들으면 슬플 거라면서 토닥여줬어요. 아빠는 너를 사랑하고, 나중에 더 재미있게 놀아줄 거라고 말했고요. 아이는 다시는 공놀이를 하지 않겠대요. 무심코 내뱉은 말 한마디가 큰 상처를 준 거죠."

부모가 한 번 내뱉은 말은 절대 주워 담을 수 없다. 그러니 항상 생각하고 나서 말을 하자. 말실수를 했다면 곧바로 아이에게 사과한다.

"기분 상하게 해서 정말 미안해. 아빠는 그냥 재미로 한 말이었어. 더 잘 던지라는 뜻으로 한 말인데 아빠가 정말 바보 같은 짓을 했구나. 아빠는 너를 사랑하고, 항상 네가 자랑스럽단다. 용서해 줄 거지, 우리 집 기둥?"

자존감이 높은 아이는 자신이 이룬 성취에 대해 자부심이 대단하다. 이런 아이는 자주적으로 행동하고 스스로 감정을 통제하며, 다른 사람을 도울 줄 알고, 새로운 것에 도전하려는 의지가 있다는 연구 결과가 있다. 반면 자존감이 낮은 아이는 자신에 대해 과소평가하고, 주저하며, 유약하고, 새로운 것에 도전하길 피하고, 자신이 사랑받지 못한다고 느낀다. 어쩌면 당신의 자녀가 천성적으로 자신감이 부족한 채로 이 세상에 태어났을지도 모른다. 하지만 걱정할 필요는 없다. 부모가 얼마든지 달라지게 할 수 있다.

사진첩으로 가족의 사랑을 일깨운다

필자는 가족이 함께했던 시간이 담긴 가족 사진을 소중하게 간직하고 있다. 임신했을 때부터 남편이 아이를 처음 안아본 날, 처음으로 머리 깎은 날, 학교에 입학한 날, 함께한 여행 등 모든 것이 사진에 담겨 있다.

아이가 자신의 사진첩을 갖는 것은 너무나 중요하다. 사진첩은 아이 인생에서 일어났던 일들이 충분히 가치 있다는 사실을 보여주기 때문이다. 아이 역시 사진 속에 담긴 당시를 생생하게 떠올린다. 산타 할아버지가 자기가 꼭 받고 싶었던 선물을 주었을 때 어떤 느낌이었는지를 기억해 낸다. 손으로 첫눈을 받았을 때를 기억한다. 갓 태어난 동생과 처음으로 포옹을 한 사소한 일들이 모두 소중한 순간이다. 이런 순간들을 시간 날 때마다 뒤적여보는 것은 자신이 가족에게 얼마나 소중한지를 알려준다.

아이를 거짓말로 위로해선 안 된다

지나온 세월 동안 당신이 겪은 크고 작은 실망이나 좌절을 생각해 보자. 이러한 감정에 대처하는 법을 모르는 사람은 실망이나 좌절을 극복하기가 쉽지 않다. 어쩌면 친한 친구가 이사를 가서 아이가 낙담할 수도 있다. 그럴 때 흔히 우리는 비현실적인 약속으로 아이의 기분을 풀어주려고 한다.

"슬퍼하지 마. 친구가 곧 집으로 놀러올 거야."

친구가 멀리 이사를 갔기 때문에 거의 불가능하다는 것을 잘 알면서도 말이다. 친한 친구가 이사를 가면 거짓말을 하기보단 아이가 슬퍼한다는 사실을 이해해 주고, 슬픈 감정을 잘 이겨낼 수 있게 도와주어야 한다. 아이가 자신의 감정을 표현할 줄 모른다면 적절한 표현 방법을 알려주자.

"헤라가 멀리 이사를 가서 슬프지? 슬프고 말고. 너희들은 아주 친했으니까."

그다음 아이가 슬픔에서 빠져나올 수 있는 방법을 찾아준다.

"우리 헤라에게 그림을 그려서 보내줄까? 하고 싶은 말도 써서 우편으로 보내자."

이처럼 실현 가능한 방식으로 상황에 대한 통제력을 길러준다. 또 다른 방법으로는 감정은 일시적이라는 것을 가르치는 것이다.

"이런 슬픔이 평생 동안 이어질 것 같지? 엄마도 그랬어. 하지만 넌 다시 행복해질 거야. 약속해. 시간이 지나면 괜찮아져. 정말로 슬플 땐 울어도 좋아. 울고 나면 행복한 감정이 다시 서서히 돌아올 거야."

상황에 따라 아이에게 감정대로 행동해서는 안 된다는 것을 가르쳐야 할 때도 있다. 예를 들어, 아무리 화가 나도 물건을 함부로 던져서는 안 된다. 대신 베개를 두드리거나 잠시 혼자 있게 해서 분노와 슬픔이 수그러들게 한다.

아이는 앞으로 여러 가지 감정을 겪게 될 것이다. 아이가 어떤 감정을 겪든 부모는 언제나 든든한 지원자로 곁에 있어줄 것이라고 말해주자. 주사를 한 방 맞는 것과 비슷하다고 이야기해주자. 주사는 아프지만 누군가 옆에서 손을 잡아주면 겁이 덜 난다. 그리고 상처는 곧 깨끗이 아문다. 아이가 슬플 때 곁에서 위로해 주고 친구가 되어줌으로써 자신이 부모에게 얼마나 소중한지를 보여줄 수 있다. 아이에겐 힘들고 추울 때 편히 쉴 장소가 필요하다.

TIP! **분노를 건강하게 표현하는 법**

- 화가 났다는 걸 말로 표현하게 한다.
  "화가 났을 때는 '나 화났어!'라고 말하고, 발로 바닥을 쿵쿵 굴러"라는 식으로 감정을 숨기지 않고 표현하게 한다.

- 분노를 해소하는 춤을 만든다.

  간단하고 재미있는 춤을 만들어, '나 화났어 춤'이라고 이름 붙인다. 화가 나면 이 춤을 추며 떨쳐버리게 한다.

- 야외 활동으로 에너지를 발산하게 해준다.

  축구나 야구 등 운동을 하는 것도 좋은 방법이다.

- '감정 포스터'를 만들어, 그때그때 어울리는 얼굴 표정을 붙인다.

  찡그린 얼굴 표정을 그리고 '슬픔'이라고 써넣는다. 미소 짓는 얼굴 표정을 그리고 '행복'이라고 써넣는다.

- 자신의 감정을 그림으로 표현하게 한다.

  때때로 아이들은 그림을 통해 말로 표현하지 못하는 감정을 드러낸다. 그림으로 자신의 감정을 분출하도록 돕는다.

스스로 해낼 수 있는 기회를 준다

아이는 무엇이든 스스로 해내는 습관을 들여야 한다. 하지만 부모라면 아이가 스스로 할 때까지 기다리며 지켜보기가 쉽지 않다. 지켜보다 보면 얼른 대신 해주고 싶은 마음이 생긴다. 하지만 꾹 참고 내버려두어야 한다. 자립심을 키우려면 아이가 자신에게 해낼 수 있는 능력이 있다는 것을 알아야 한다.

'아이에게 물고기를 주면 하루를 먹을 수 있다. 하지만 물고기 잡는 법을 가르치면 평생을 먹고살 것이다'라는 유명한 격언이 있다. 혼자 시도해 보라고 격려하고 기회를 주자. 이를 통해 아이는 자립심을 배운다. 그냥 앉아서 안절부절못하는 것이 아니라, 실제로 문제를 해결하는 방법을 배우는 것이다.

아이의 자존감과 자립심을 키우기 위해

1. 아이가 스스로 하도록 내버려둔다.

   옆에서 아이를 격려해 주고 혼자 힘으로 못하겠으면 그때 도움을 주겠다고 한다.

2. 의도적으로 칭찬한다.

   "그렇게 하는 거야"라는 말로 아이의 인내심을 칭찬해 준다. "잘 생각해 냈어"라는 말로 책임감을 북돋워준다.

3. 자기 일은 스스로 해야 한다고 알려준다.

   "간식 챙기는 건 네 일이야."

4. 중요한 교훈을 가르치기 위해선 때로 늦어도 괜찮다.

   어떤 교훈은 가르치는 데 상당한 시간이 걸린다. 하지만 분명 그만한 값어치가 있다.

원칙

5

배움을 즐기는 아이로 키운다

인생이라는 학교는 집에서 시작된다. 더불어 배움에 대한 의지도 아주 어린 나이에 싹을 틔운다. 하지만 자칫 너무도 쉽게 짓밟힐 수도 있으니 세심한 보살핌이 필요하다. 하루에 수백 가지씩 해대는 아이의 질문에 두 손 두 발 다 들고 싶더라도, 아이가 배우는 것이 정말 즐겁다는 생각을 갖도록 도와야 한다. 질문이란 세상이 어떻게 돌아가는지를 아이가 알아내는 방법이기 때문이다.

무엇보다 아이가 궁금해 하는 것에 관해 스스로 답을 찾을 수 있도록 도와준다.

"엄마, 이게 뭐야?"

아이가 땅 위를 기어 다니는 벌레를 보고 물으면 바로 대답을 해주기보다 "어디 보자"라며 들여다본 후 묻는다.

"정말 재미있게 생겼는걸. 도대체 다리가 몇 개야? 저 더듬이 보이니? 잘 기억해 두었다가 집에 가서 책이나 인터넷에서 찾아보자."

아이는 어디서 어떻게 답을 구해야 할지 금세 배운다. 인터넷은 두말할 필요도 없고 도서관은 정말 멋진 장소이다. 원하는 정보가 모두 있다. 아이에게 일찍부터 정보를 찾아보는 즐거움을 가르쳐주자.

매일 아이에게 책을 읽어준다

그러기 위해서는 유아기 때부터 아이에게 규칙적으로 책을 읽어준다. 아이는 엄마, 아빠의 목소리를 듣는 걸 좋아한다. 새로운 단어를 알게 되는 것도 흥미로워한다. 아주 어릴 때부터 읽기를 일상적인 일로 만들어주면 평생 습관이 된다.

서재를 만들어주는 것도 좋다. 비용이 부담스럽다고? 부모가 창의력을 조금만 발휘하면 비용을 많이 들이지 않고도 훌륭한 서재를 만들 수 있다. 중고시장에서 책을 구하거나, 공공도서관에서 하는 전집 대출 행사 등을 활용하면 아이에게 멋진 서재를 만들어줄 수 있다.

아이와 많은 대화를 나눈다

아이와 끊임없이 대화를 나누자. 아이가 아직 말을 못하더라도 상관없다.

"복숭아가 좋니? 맛있지?"

아이의 표정과 반응을 살피자. 아이가 미소를 지으면 "좋아하는 것 같네!"라고 말한다. 아이가 입을 삐죽 내밀면 "맛이 별로인가 보네. 나중에 다시 먹어보자"라고 이야기한다.

부모는 아이에게 감정과 느낌을 표현하는 역할 모델이다. 아직 단어를 제대로 모르는 아이에게도 감정과 느낌은 있다. 아이가 단어를 익히고 상대와 대화하는 법을 배울 수 있도록 도와주어야 한다.

아이가 자신의 생각과 감정을 말할 수 있는 나이가 되면 식사 시간을 즐거운 대화 시간으로 만든다. 가족 모두 그날 있었던 즐거운 일 한두 가지를 자유롭게 이야기하면 좋다.

집을 배움의 장소로 탈바꿈시킨다

집을 놀이동산으로 탈바꿈시키자. 각양각색의 재료로 아이 나이에 맞는 놀잇감을 만든다. 아이가 10개월 정도 되었다면 요거트로 손도장을 찍어본다. 좀 더 큰 아이는 밀가루 반죽을, 그보다 좀 더 큰 아이는 아빠의 면도 크림이나 독성이 없는 페인트를 활용할 수 있다. 상자를 준비해서 다양한 색과 질감의 크레용과 종이, 풀과 안전 가위 등 여러 가지 미술용품을 모아놓고 필요할 때마다 꺼내 쓰게 한다.

사이다가 든 컵에 건포도나 땅콩을 떨어뜨려 어떻게 되는지 관찰하는 것처럼, 아주 단순하고 쉬운 실험을 해보는 것도 좋다. 건포도를 사이다에 넣으면 거품이 일며 위로 떠오른다. 이런 현상을 보고 아이들은 아주 즐거워한다. 식탁 위에서 할 수 있는 흥미로운 과학실험인 셈이다.

잡다한 바깥일을 아이와 함께 본다

은행에서 차례 기다리며 줄서기, 우체국에 가서 택배 보내기, 식료품점에 가기 등 일상적인 일들을 아이와 함께 하자. 부모에게는 일상적인 일이지만 아이에게는 배움의 기회가 될 수 있다. 스스로를 야외수업 나온 유치원 선생님이라고 생각해 보자. 일상생활에서 일어나는 멋진 일들을 아이에게 알려주자.

비가 오거나 진눈깨비가 내리거나 눈이 오는 날, 밖에 나가 아주 짧은 동안이라도 온갖 날씨를 다 경험해 보게 한다. 그때를 이용해 기온, 강수량, 날씨가 풀과 나무에 미치는 영향 등에 대해 가르칠 수도 있다.

명심하자. 부모는 아이에게 세상을 구경시켜 주는 여행 가이드이다. 어른에게는 일상적인 것일지라도 아이에게는 새로운 모험이다. 일찍 시작할수록 그만큼 일찍 아이는 호기심을 개발할 수 있다. 이것이 평생 배움에 대한 관심과 열정으로 자라게 된다. 부모가 자녀에게 줄 수 있는 가장 소중한 선물이다.

배움에 대한 열정을 심어주려면

1. 아이의 이야기에 귀 기울인다.

   아이의 말을 잘 듣는 것이 가장 중요하다. 아이의 질문이 무엇이든 진지하게 들어주자.

2. 질문의 가치를 인정해 준다.

   아이는 늘 새로운 것을 경험하게 된다. 변함없이 격려해 주고, 배우는 과정에 함께 참여한다.

3. 아이 스스로 답을 찾게 한다.

   아이 스스로 답을 찾고 문제를 해결할 수 있도록 이끌어준다. 옆에서 지켜보며 필요로 할 때 도움의 손길을 준다.

4. 구체적으로 칭찬한다.

"관찰을 아주 잘했구나", "좋은 생각이야", "정말 문제를 멋지게 풀었는걸", "그렇지, 그렇게 하는 거야!" 등과 같이 구체적인 말로 아이를 칭찬한다.

5. 더 많은 배움의 기회를 만들어준다.

찾아보면 기회는 무궁무진하다. 일상에서 아이가 성장하며 배울 수 있는 기회를 많이 만들어준다.

원칙 6

함께 나누는 기쁨을 가르친다

어린아이는 세상이 자신을 중심으로 돌아가고 있다고 믿는다. 그래서 아이는 자신이 원하는 그것을 언제든 가질 수 있다고 생각한다. 그것도 지금 당장!

현실적으로 세 살 이전까지는 다른 사람과 무언가를 나눈다는 것을 제대로 이해하지 못한다. 하지만 일상에서 꾸준히 가르치면 나눔과 베풂을 당연한 일로 받아들이게 된다. 네 살 정도가 되면 아이들은 무엇을 가지고 언제 누구와 놀지에 대해 생각하기 시작한다. 함께 나누는 기술을 익히는 것이다. 하지만 여전히 세심한 감독과 도움을 필요로 한다. 흔히 형제나 자매끼리 장난감을 서로 가지고 놀겠다며 고집 피우는 때를 이용해 보자.

"그거 줘."

형이 동생에게 장난감을 달라고 한다면 부모가 조정자 역할을 한다.

"부탁할 때는 어떻게 말하는 거지? '트럭 좀 줄래?' 이렇게 말해야지."

"싫어! 내 거야"라고 아이가 반항하면 아이의 눈을 똑바로 쳐다보며 말한다.

"넌 오랫동안 트럭을 가지고 놀았잖니. 동생도 가지고 놀게 하면 안 될까?"

그러고 나서 아이의 손을 부드럽게 잡고 트럭을 동생에게 건네게 한다. 만약 아이가 머뭇거린다면 아이도 다른 사람과 무언가를 나누어 가질 수 있다고 환기시킨다.

"아빠하고 아이스크림을 나누어 먹을까?"

"네."

"좋아! 그러면 동생에게 장난감을 주자. 네가 직접 주겠니?"

아이가 장난감을 건네주면 칭찬하고, 장난감을 받은 동생에겐 고맙다는 인사를 하게 한다. 그런 후 둘 모두에게 칭찬을 해준다. 잘했다고 박수를 쳐주는 것도 좋다.

일상생활에서 기회가 있을 때마다 함께 나누는 기쁨을 가르쳐야 한다. 다른 사람의 행동도 칭찬해 주자. 예를 들어, 한 아이가 자신의 모래삽을 친구와 함께 나누어 쓰는 것을 보았다면, 아이 앞에서 그 아이를 칭찬한다. 다른 사람에게 베풀고 나누도록 북돋워준다면 아이에겐 곧 습관이 될 것이다.

'차례 지키기'라고 설명하면 쉽다

어린아이들에겐 '나눔'에 대해 이해시키는 것이 어려울 수 있다. 이땐 '차례 지키기'라고 설명하는 것도 큰 도움이 된다. 어린아이들은 추상적인 것보다는 명확한 개념을 훨씬 더 잘 이해하기 때문이다. 장난감을 친구와 함께 가지고 놀라는 말에 아이들은 종종 '이건 내 거야! 왜 내가 이걸 줘야 되는데?'라고 생각한다. 이런 경우 장난감을 완전히 주는 것이 아니라는 걸 '차례 지키기'로 설명한다. 그럼으로써 아이들을 흥분하게 만드는 요소를 없애는 것이다.

시간에 대한 개념이 없는 아이들은 일시적인 것과 영구적인 것의 차이를 제대로 이해하지 못한다. 이럴 땐 타이머를 사용해 차례의 개념을 가르치면 좋다.

"시간이 다 되면 타이머가 울리는데, 그건 네 차례가 끝났다는 거야. 이따가 타이머가 다시 울리면 친구의 차례도 끝났다는 것이고. 자, 이제 네 차례가 되었네! 함께 노니까 정말 재미있지?"

모래시계, 전자시계, 휴대폰 알람 등은 다음이 누구 차례인지 알리는 데 아주 효율적이다. 또한 '차례 지키기'에 대해 긍정적인 태도로 접근해야 한다.

"스텔라가 자기 장난감을 너와 함께 가지고 노니까 기분이 좋지? 네가 다른 친구와 장난감을 가지고 놀면 그 친구도 기분이 정말 좋겠지?"

나눔으로써 서로 좋다는 것을 강조하자. 모두가 행복해진다는 것을 말이다.

아이만의 특별한 보물은 나누지 않아도 좋다

아이들은 자신만의 '특별한 보물'을 가지고 있어서 그것만은 절대로 나누려고 하지 않기 마련이다. 가장 아끼는 인형일 수도 있고, 소중히 간직하고 있는 장난감 트럭일 수도 있다. 또는 너무나 사랑스런 동물이 그려진 그림책일 수도 있다. 이런 것은 '나눔에서 예외'로 하고 아이들 눈에 띄지 않도록 멀리 치워둔다. 아이에게 몇몇 물건을 '나만의 것'으로 할애하더라도 얼마든지 함께 나누는 것의 중요성을 가르칠 수 있다.

집에 친구들이 놀러 오는 경우에도 "오늘 친구들이 오면 어떤 장난감을 가지고 놀 거니?"라고 물어서 아이가 친구들과 함께 갖고 놀고 싶어 하는 장난감만 꺼내놓고 다른 장난감은 멀리 치워둔다. 이렇게 하면 아이들 사이의 갈등을 미연에 방지할 수 있을 뿐만 아니라, 아이는 친구들과 함께 장난감을 가지고 논 후 자신만의 장난감을 돌려받았을 때의 기쁨을 만끽할 수 있다.

자신 혼자만 즐겼던 소중한 물건을 떠올려보자. 정말 좋아했던 잡지, 예쁜 펜, 특별한 문구가 새겨진 머그컵 등이 있을 것이다. 다른 사람과 함께 공유하면서 행복을 느끼는 것도 중요하지만 혼자만의 물건 몇 개를 가지고 있는 것도 큰 위안이 된다. 이것은 아이도 똑같다. 현명한 부모는 이를 잘 이해해야 한다.

주는 마음이 큰 아이가 단단하게 자란다

살면서 꼭 필요한 원칙을 배우면서 아이가 언제나 손해만 본다면 정말 난감하다. 만약 아이는 친구들과 나눔을 실천하고 있는데, 다른 아이는 자신의 것을 나누려 하지 않는다면 어떻게 해야 할까? 이런 때는 두 아이의 감정을 모두 받아준다.

"지나는 슬퍼. 자기 장난감과 떨어지고 싶지 않기 때문이야.

네가 나눔에 대해 맨 처음 배웠을 때처럼 말이야."

이때도 아이가 아니라 아이의 '행동'에 대해 이야기한다.

"지나가 함께 가지고 놀지 않아서 네가 슬프다는 걸 잘 안단다. 너도 교대로 가지고 놀지 못하면 기분이 나쁠 거야."

다시 한 번 아이가 아니라 감정에 대해서만 이야기한다. 아이가 슬퍼한다는 것을 인정하고, 이런 감정을 어떻게 다루어야 하는지 알려주는 것이다. 인생에서 원하는 것을 언제나 얻을 수는 없으니까 말이다.

이것은 살아가면서 겪게 되는 실망과 좌절을 다루는 법을 가르칠 수 있는 좋은 기회이다. 그럼에도 다른 아이가 자신의 것을 나누지 않아도 내 것은 나누어야 한다고 일깨워주자. 왜냐고? 받는 것보다 주는 기쁨이 훨씬 더 크기 때문이다. '주는 마음'을 키우는 것은 곧 아이를 강하게 만드는 것이다.

아이와 단둘이 있을 때 이렇게 말해보자.

"나누는 것이 더 행복하지 않니? 다른 사람을 행복하게 하는 것이 얼마나 큰 기쁨인지 모른다면 그 사람은 정말 불쌍하지 않을까?"

아이가 번갈아가며 가지고 논다는 개념을 이해할 수 있고 어떤 장난감이 '함께 가지고 노는 장난감'인지, 어떤 장난감이 '특별한 보물'인지 확실히 인식시켜 주었다면, 나누지 않았을 때의 결과를 알려주어 나눔의 원칙을 각인시킬 수 있다.

만약 두 아이가 장난감 하나를 놓고 다투고 있다면, 그 장난감은 공간에서 제외시킨다. 또 아이가 장난감을 다른 친구와 함께 가지고 놀지 않겠다고 해서 두 번 경고를 주었다면 아이는 더 이상 놀이에 참여시키지 않는다.

베푸고 나눌 줄 아는 아이로 키우려면

1. 어릴 때부터 아이에게 나누는 것에 대해 가르친다.

부모는 아이의 거울이다. 따라서 부모가 먼저 모범을 보이자. 관찰은 아이에게 최고의 선생님이다!

2. 친구들과 함께 가지고 놀고 싶은 장난감만 가지고 나오게 한다.

처음부터 이 점을 명확하게 설명해 주어야 한다. 일단 장난감을 밖에 가지고 나왔다면, 친구들과 함께 나눠 써야 한다고 이야기해 준다.

3. 아이에게 자신만의 특별한 장난감을 갖게 해준다.

그 장난감에 '보물'이라고 이름 붙이고, 오직 자신만 가질 수 있도록 해주자. 설사 그것이 길에서 주운 돌멩이나 조개껍질이어도 부모는 존중해 주어야 한다.

4. 정중하게 부탁하고 받아들이는 법을 가르친다.

예의 바르게 부탁하고, 상대가 부탁을 들어주면 감사 인사를 하도록 가르친다. 아이들이 제대로 했으면 "정말 잘했어"라고 칭찬해 준다.

5. 다른 사람과 나누는 법을 구체적으로 알려준다.

구체적으로 어떤 말과 행동을 해야 하는지 알려주자. 아이의 나이에 맞게 아이가 자신의 생각을 말로 표현할 수 있도록, 행동으로 드러낼 수 있도록 도와준다.

6. 친구들과 싸우지 않고 잘 놀았다면 칭찬해 준다.

긍정적이고 분명하게 칭찬해 준다. 잘한 행동에 대해서는 칭찬을 아끼지 말자.

"네가 스텔라와 인형을 같이 가지고 놀아서 엄마는 너무 기쁘단다. 정말 자랑스러워."

PART 3

처음부터 좋은 버릇 들이는 10가지 방법

기억하자. 아이가 아무리 화를 내더라도,

당신은 절대 침착해야 한다.

- 쿠리안스키 박사(Dr. J. Kuriansky)

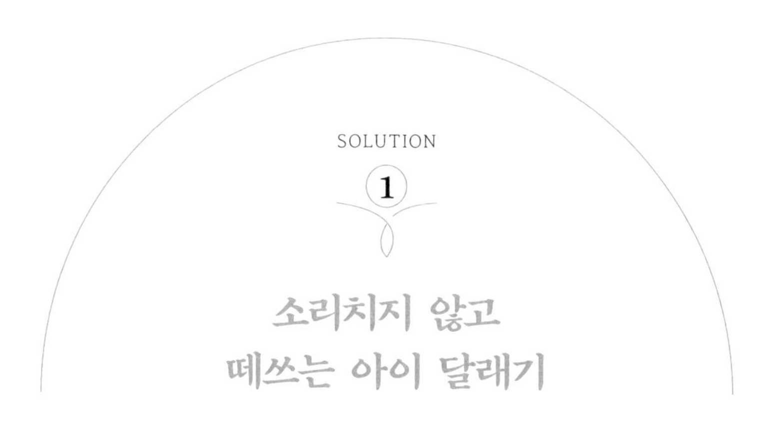

소리치지 않고 떼쓰는 아이 달래기

부모라면 한 번쯤 거친 태풍 같은 아이의 생떼를 겪은 적이 있을 것이다. 집에서 아이와 둘이 있든, 혹은 마트에서 막무가내로 조르는 경우든 누구나 아이의 떼쓰기를 경험하게 된다. 아이가 막무가내로 떼쓰는 상황 속으로 빨려 들어가기는 너무나 쉽다.

엄마 그거 내려놔! 네 장난감은 안 살 거야.

리안 나 이거 사줘!

엄마 그만해! 어딜 가나 눈에 보이는 건 다 사달라고 난리야. 내려놔. 안 그러면 다시는 안 데려온다.

리안 (땅바닥에 주저앉아 발을 구르며 소리친다.) 장난감! 장난감! 하나만 사줘!

엄마 나가자, 얼른! 안 그러면 여기 다시 안 와, 알겠어?

리안 (몸부림을 치며 눈을 흘긴다.) 싫어! 엄마, 싫어! 지금 사줘!

엄마 좋아. 넌 여기서 살아! 엄마는 갈 테니까.

리안 (흥분이 극에 달해 숨을 헐떡이며) 엄마, 엄마!

엄마 (소리치며 발버둥치는 아이를 들어올리며) 알았어, 이것만 사! 애기처럼 굴지 말고 하나만 골라. 뚝 그치고 조용히 해!

리안 (눈물을 닦고 다른 장난감을 가리키며) 저것도 사도 돼, 엄마?

만일 아이가 아직 한참 어리거나, 이제껏 사람들이 많은 곳에서 떼쓰는 모습을 보지 못했다면 장담하건대 머지않아 '그날'이 올 것이다. 하지만 미리 두려워할 필요는 없다. 아이의 떼쓰기를 미연에 방지하거나 정도를 완화시키고, 실제 상황에서 해결할 수 있는 비법을 이제 소개한다.

아이의 떼쓰기, 처음이 중요하다

만약 이제까지 아이가 생떼를 부릴 때마다 항복하고 말았더라도 다시 주도권을 가져올 수 있다. 물론, 새로운 대처법이 계속 이어질 것임을 아이가 믿게 하기까지는 몇 번의 시련을 겪어야 할 것이다. 그러니 마음을 다잡자. 아이가 얼마나 자주 떼를 쓰고, 앞으로 얼마나 시끄러울 것이냐는 부모의 태도에 달렸다.

가장 좋은 방법은 완전히 무시하는 것이다. 아이가 주먹으로 바닥을 친다면 가장 먼저 해야 할 일은 아이를 안전한 곳으로 옮기는 것이다. 아이 주위에 아무것도 없는 안전한 곳으로 옮겨야 한다. 아이를 말리지 않고 그대로 두어야 하기 때문이다. 다시 한 번 강조하지만, 떼쓰기를 해결하는 가장 좋은 방법은 철저히 무시하는 것이다. 아이가 맨 처음 떼를 썼을 때 어떻게 대응하는가가 다음 행동을 결정한다. 처음부터 아이의 억지를 받아주지 않고 두 번째도 같은 반응을 보이면, 아이는 떼쓰기가 소용이 없다는 것을 깨닫는다. 처음 아이가 비명을 질렀을 때 항복하면 아이는 들어줄 때까지 점점 더 시끄럽고 요란하게 행동하기 마련이다.

아이가 공공장소에서 떼쓰기를 멈추지 않는다면 하던 일을 멈추고 아무 말 없이 아이를 차분히 들어 올려 그곳을 빠져나온다. 당장 하던 일을 멈추고 나와야 한다. 이렇게 하면 아이는 아무리 떼를 써도 부모가 절대 허락하지 않는다는 것을 깨닫는다. 온 세상 사람이 당신을 쳐다보고 있다 할지라도 절대 당황하거나 부끄러워하지 말자. 자녀를 둔 부모라면 누구나 당신을 이해해 줄 것이다. 오히려 떼쓰는 아이를 차분하고 단호하게 다룬다면 사람들은 당신에게 응원을 보낼 것이다.

이 방법은 학령기 아이에게도 효과가 있다. 진열대에 놓인 장난감을 집어서는 안 된다면 아이에게 분명하게 말한다.

"장난감을 한 번 더 만지면 여기에서 나갈 거야."

그러고 나서 아이가 말을 듣지 않으면 단호하게 다음 행동으로 옮긴다.

"장난감을 만지면 가게에서 나간다고 했지?"라고 말하고 그대로 가게를 나온다. 이렇게 하면 아이는 부모가 말을 행동에 옮긴다는 것을 깨닫게 될 것이다.

아이의 떼쓰기를 진정시키기 위해서는 일관된 태도가 중요하다. 결국 아이는 이렇게 생각하게 될 것이다.

'엄마는 내가 그렇게 난리를 피웠는데 꿈쩍도 안 했어. 그러니 아무 소용없을 거야.'

자, 다시 한 번 되새기자.

"아이의 떼쓰기는 순간이다. 하지만 교훈은 평생 간다."

앞으로의 일정을 구체적으로 알려준다

아이에게 마음의 준비를 시켜야 한다. 이것은 작가가 소설을 쓰는 과정과 비슷하다. 우선 장면을 정하고, 등장인물을 설정하고, 역할을 짜고, 클라이맥스를 준비한다. 놀이터에 가기 위한 준비를 예로 들어보자.

가장 먼저 아이에게 준비를 시킨다. "너, 엄마 그리고 동생이 같이 나갈 거야"라고 대상이 누구인지를 이야기한다. 그다음 '무엇'을 할 것인지 알린다.

"우리는 신나게 공놀이를 할 거야."

그런 다음 "놀이터에서"라고 '어디'인지를 밝힌다.

그리고 '언제'를 말한다.

"5분 후에 놀이터로 나갈 거야."

그리고 마지막으로 '왜'를 설명한다.

"아빠가 오실 때까지 시간이 좀 있거든."

자, 모든 준비가 되었다.

아이들을 놀이터에서 신나게 놀게 한다. 이것이 클라이맥스다. 신나게 놀다가 이제 집에 갈 시간이 되면 짜증스러운 떼쓰기가 슬슬 머리를 치켜든다. 이럴 땐 어떻게 해야 할까? 위대한 작가들이 하듯 멋지게 마무리를 해야 한다.

아이가 가기 싫다고 칭얼대려는 기미가 보이면 다시 누가, 언제, 무엇을, 어떻게, 왜 했는지 설명한다.

"엄마 말 좀 들어볼래? 너랑 동생이랑 엄마는 이제 집에 갈 거야."

"가기 싫어!"

"엄마도 알아. 놀이터에서 노는 게 재미있지? 그래도 5분 있다가 들어갈 거야."

"왜 가야 되는데, 엄마?"

"기억 안 나? 집에서 나올 때 엄마가 말했잖아. 아빠가 집에 오신다고! 아빠가 기다리고 계셔."

아까와 똑같이 설명한다. 그런 다음 다시 아이의 이야기를 들어주고, 기분을 이해한다는 걸 보여준다.

"네가 지금 한창 재미있어 한다는 건 알아."

일관성 있게 일정을 시작하고 끝낸다. 아이의 질문에도 일관되게 답한다. 이렇게 하면 아이에게는 의문의 여지도, 협상의 여지도, 칭얼거릴 여지도 남지 않는다.

이 대처법의 핵심은 감정을 억제하는 것이다. 더불어 부모가 자신감을 갖고 '당연히 이렇게 해야 하는 것'이라는 태도를 보이면 아이는 그에 순순히 따른다. 부모가 먼저 당황하고 안절부절못하면 아이도 똑같은 반응을 보인다. 부모가 침착하고 냉정하면, 아이는 거기에 맞게 따른다. 반대로 부모가 화를 내거나 공격적으로 대응하면 아이는 허점을 파악하고 이용하려 든다.

떼쓰는 아이의 마음을 읽는다

떼쓰는 아이를 달래기보단 떼쓰기를 미연에 방지하는 것이 훨씬 수월하고 부모의 정신 건강에도 좋다. 절대 불가능한 일이 아니다. 평소에 조금만 신경을 쓰면 아이의 떼쓰기를 얼마든지 미리 막을 수 있다.

첫째, 언제 가장 떼를 잘 쓰는지 기억해 둔다.

보통 힘든 하루를 보내고 나서 지쳐 있을 때 아이가 떼를 쓰지 않던가? 아침나절 부족한 잠 때문에 기분이 언짢아 잔소리할 때 아이가 억지를 부리지 않던가? 당신의 기분이 좋지 않을 때 아이가 떼를 쓰는 건 아닌지 확인해 보자. 만약 그렇다면 잔잔한 음악을 틀고 따뜻한 차를 한 잔 마시자. 우선 당신의 스트레스를 풀어라.

둘째, 아이에게 마음을 진정시키는 법을 가르친다.

아이에게 하나에서 열까지 숫자를 세게 하거나, 숨을 깊이 들이마시게 하자. 마음을 가라앉힐 수 있는 방법을 가르쳐 자제심을 갖게 하는 것이다. 아이가 흥분하기 시작하면 부모 또한 침착한 목소리로 말한다.

"그래, 알았어. 조금만 진정해 보자. 엄마가 잘 알아들을 수 있게 말이야, 알았지?"

아이는 잠시 숨을 고르고 흥분을 가라앉힐 것이다. 그리고 그런 자신을 자랑스러워할 것이다.

셋째, 아무리 떼를 써도 소용이 없다는 걸 알게 한다.

"네가 그렇게 흥분하면 무슨 얘길 하는지 알아들을 수 없어" 또는 "엄마는 네가 그렇게 떼쓰는 게 싫어. 그러니까 진정하고 나서 얘기하자"고 해서 떼를 써도 소용이 없다는 걸 분명히 한다. 아이는 자신의 행동에 대한 부모의 반응을 보고 어떻게 해야 원하는 걸 얻을 수 있는지 알아나간다.

단호하고 확신에 찬 태도로 대하면 분명 효과가 있을 것이다. 특히 처음 몇 번 시험에 들었을 때 잘 해내면 더욱 효과가 크다.

떼쓰기를 멈추면 안아주고 다독인다

헛수고로 기운을 빼고 싶지 않다면 아이가 한창 떼를 쓰고 있을 때는 말을 건네거나 협상하지 말자. 일단 아이가 흥분을 가라앉히길 기다린다. 퉁퉁 부은 눈에서 눈물을 훔쳐내고 얼굴에 달라붙은 머리카락을 쓸어내리고, 호흡이 정상적으로 돌아오면 이제 아이와 눈을 맞춘다.

"네가 장난감을 갖지 못해 슬픈 건 알아. 슬퍼하는 건 좋아. 하지만 떼를 쓴다고 해서 네가 원하는 것을 얻을 수 있는 건 아니야. 엄마는 네 기분이 어떤지 알고 싶어. 하지만 네가 떼를 쓸 때는 알 수가 없어. 무슨 말인지 들리지 않거든."

그러고 나서 아이를 안아주며 사랑한다고 말해준다. 이것은 아이의 말에 귀 기울인다는 것을, 아이의 슬픈 마음을 이해하고 있다는 것을 확인시켜 준다. 더불어 아이에게 자신의 감정을 보다 적절하게 다룰 수 있게 한다. 자신의 감정이 어떤지 알고, 순간의 실망감을 다스리는 기술을 익히는 것은 아이가 건강한 성인으로 성장하도록 돕는 일이기도 하다. 자신을 진심으로 사랑하는 부모에게 일찌감치 이 교훈을 배우면 아이에게는 큰 힘이 될 것이다.

이 목록으로 얼마나 많은 떼쓰기를 막아냈는지 셀 수도 없다. 아이가 "나 이거 사줘!"라고 말하면 이렇게 답한다.

"그래, '갖고 싶은 것' 목록에 적어두자!"

그렇게 함으로써 아이는 부모에게 허락을 받는 것이다. 게다가 원하는 것을 얻기 위해 무언가를 하고 있다는 성취감을 느끼게 한다. 그리고 생일이나 크리스마스, 또는 아주 특별한 날에 받고 싶은 선물을 그 목록에서 고르게 한다. 그러나 막상 그날이 되면 아이는 목록의 반 이상을 자기가 썼는지조차 기억하지 못하는 경우가 많다.

이 방법은 또한 아이가 나이에 맞지 않는 물건을 사달라고 할 때도 효과가 있다. 그때도 똑같이 반응한다.

"좋아! 네가 열세 살이 되면 '갖고 싶은 것' 목록에 넣어도 돼."

마찬가지로 아이에게 허락을 해주는 것이다. 이렇게 하면 아이는 물건을 볼 때, 상자 위에 적혀 있는 추천 연령을 본다. 그리고 다음엔 이렇게 말한다.

"이건 내가 일곱 살이 되면 '갖고 싶은 것' 목록에 넣을래."

그리고 아이는 자기 스스로 선택했다는 데 뿌듯함을 느낀다.

떼쓰기 공포에서 벗어나려면

1. 아이에게 무엇을 할지 미리 알려준다.

   언제, 어디서, 무엇을, 어떻게 할 것인지 알려주어야 아이도 마음의 준비를 할 수 있다.

2. 이미 떼를 쓰기 시작했다면 아이를 안전한 장소로 옮긴다.

   아이가 공공장소에서 소란을 피운다면 아이가 다치지 않을 안전한 장소로 차분하게 데리고 간다. 그러고 나서 아이가 하는 대로 내버려둔다.

3. 아이의 떼쓰기에 절대로 넘어가지 않는다.

   절대로 받아주어선 안 된다! 한 번 들어주면 아이는 부모가 또다시 들어주리라 기대할 것이다. 그렇게 되면 아이는 점점 더 시끄럽고 오랫동안 떼를 쓰게 된다.

4. 아이의 기분을 인정하고 공감해 준다.

무슨 이야기를 하고 싶은지 잘 알고 있으며 기분을 이해한다고 말해준다.

5. 허용할 수 있는 범위에서 아이에게 선택권을 준다.

오늘은 자기 장난감을 살 수 없지만 대신 동생을 위해서 장난감을 고를 수 있다거나, '갖고 싶은 것 목록'에 원하는 장난감을 추가하게 하는 등 몇 가지를 정해주고 선택하게 한다.

6. 말한 그대로 행동에 옮긴다.

절대 협박하거나 윽박지르지 말자. 소란을 멈추지 않으면 밖으로 나갈 거라고 얘기했으면 그대로 행동에 옮기면 된다. 아이를 데리고 가게를 빠져 나가는 것 한 번만으로도 충분히 깨닫게 할 수 있다. 때문에 "너 두 번 다시 장난감은 구경도 못할 줄 알아"처럼 실행 불가능한 말을 해서는 안 된다.

SOLUTION

2

부모는 행복하고 아이는 상처받지 않는 '타임아웃'

타임아웃time-out은 말 그대로 '일시 정지'다. 하던 일을 멈추고 지금 겪고 있는 불쾌한 상황에서 잠시 벗어나 있는 시간을 말한다. 아이에겐 한숨 돌릴 시간, 감정을 추스를 시간인 동시에 자신이 한 행동을 반성하는 시간이 되기도 한다. 타임아웃 동안에 아이는 적어도 자신의 행동을 반성하는 '척'하기라도 한다.

그렇다면 타임아웃을 어디에서 하게 해야 할까? 타임아웃에 좋은 장소는 많다. 방 한쪽 구석이나 작은 방석, 또는 의자 등이 모두 타임아웃을 위한 장소가 된다. 작은 의자를 골라 장식까지 해놓는 부모도 있다.

어찌됐든 집에서라면 한 장소를 정해놓고 지속적으로 활용한다. 집 안 어느 곳이든 상관없지만 침실과 화장실은 피하는 것이 좋다. 침실과 화장실이 벌을 받는 곳이라는 부정적인 인식을 심어줄 수 있기 때문이다.

타임아웃에 익숙한 아이는 자신이 규칙을 어겼다는 것을 깨달으면 스스로 타임아웃을 하기도 한다. 이것은 외적 규율이 내적으로 자리 잡았다는 분명한 증거이다. 타임아웃은 18개월 정도부터 시작하고 해마다 1분씩 늘리는 것이 좋다. 예를 들어, 두 살짜리는 2분 동안 타임아웃을 갖는 것이 이상적이다.

타임아웃으로 큰소리를 줄인다

두 살 된 루카스가 젖먹이 여동생에게서 인형을 빼앗았다. 이때 엄마는 단호하되 상냥한 목소리로 말해야 한다.

"인형을 동생에게 돌려줘."

루카스가 순순히 엄마 말을 듣는다면 더없이 좋을 것이다. 만약 말을 듣지 않는다면 2단계 조치를 취해야 한다. 엄마는 몸을 낮춰 아이의 눈을 똑바로 쳐다보면서 좀 더 단호하게, 그러나 여전히 차분한 목소리로 다시 한 번 말한다.

"인형을 동생한테 돌려줘야지. 만약 엄마 말 듣지 않으면 의자에 앉아 벌을 받게 될 거야."

이제라도 루카스가 엄마 말에 응한다면 아주 바람직하다. 하지만 만약 이번에도 말을 듣지 않는다면 엄마는 거듭 루카스의 눈높이로 몸을 낮추어 단호하게 말해야 한다.

"인형을 주라는 엄마 말을 듣지 않는구나. 어서 가서 타임아웃 의자에 앉아."

아이에게 어디에서 타임아웃을 해야 하는지 정확하게 지적해 주어야 한다. 그리고 단호하고 진지하게 '나는 기분이 좋지 않다'는 표정을 지어 보인다. 규칙을 따르지 않았기 때문에 가정의 즐거움이 깨졌다는 신호를 보내는 것이다.

만약 아이가 타임아웃을 거부한다면 직접 아이를 들어 올려 타임아웃 장소에 데려다 놓는다. 절대 아이에게 다시는 그러지 않겠다는 약속을 받아내거나, 협상을 하거나, 애원하지 말고 확고한 태도를 유지해야 한다. 이 순간에는 인간 로봇이 되었다고 생각하자. 비명을 지르고, 울음을 터뜨리고, 생떼를 써봐야 아무 소용없다고 스스로를 다잡는다. 그리고 나서 역시 단호한 어조로 말한다.

"엄마가 나오라고 할 때까지 거기에 있어."

아이들은 대부분 가만히 앉아 있지 않으려 들 것이다. 그럴 땐 약한 모습을 보이지 말고 아이를 부드럽게 잡아 자리에 계속

앉아 있게 한다. 만약 아이가 울고 소리치며 반항을 한다고 해서 타임아웃을 포기하면, 결국 아이에게 벌이 언제 끝날지에 대한 주도권을 갖게 만들 뿐이다.

부모는 단호하고 차분하며 자제력이 있어야 한다. 만약 그렇지 않다면 준비가 될 때까지 기다리자.

타임아웃을 사용하면 아이와의 언쟁과 큰소리를 줄일 수 있다. 또한 타임아웃은 감정적인 방법이 아닐뿐더러, 아이가 아니라 아이의 행동을 지적하게 한다. 아이는 올바른 행동을 할 때도 있고, 그렇지 않을 때도 있다. 아이의 행동 중에는 받아들일 수 있는 행동도 있고, 그렇지 않은 행동도 있다. 타임아웃을 제대로 사용하면 아이의 자존감을 건드리지 않으면서 행동에 따른 결과에 대해 가르칠 수 있다. 또한 이 방법은 부모가 아이에 대해 책임을 지며, 주도권을 쥐고 있다는 것을 분명하게 각인시킨다.

타임아웃도 일관성이 중요하다

타임아웃을 효과적으로 사용하기 위해서는 먼저 아이에게

바라는 것이 무엇인지 분명하게 전달해야 한다. 물론 그 나이에 맞는 기대치를 가져야 한다. 예를 들어, 두 살짜리에게 젖먹이 동생과 장난감 하나를 가지고 사이좋게 놀기를 기대할 수는 없다. 하지만 동생을 때리는 것은 옳지 않다는 것을 이해시키고 장난감을 빼앗지 않게 할 수는 있다.

아이에게 어떤 행동에 대해 타임아웃을 사용할 것인지 미리 분명하게 이야기해 준다. 여기에는 누군가를 깨물거나 때리는 등 물리적 공격을 가하는 경우가 포함된다. 그러니 아이의 어떤 행동에 대해 타임아웃을 해야 할지 미리 생각해 보자. 꼭 적용해야 할, 매우 중요한 일들 말이다. 그리고 그런 행동을 하면 곧바로 타임아웃이 된다고 미리 이야기해 준다. 부모 말을 듣지 않거나 다른 사람에게 상처를 주는 행동에 대해서 항상 변함없이 타임아웃이 적용된다는 것을 확실히 해야 한다.

그러나 아이가 규칙을 잊었거나 이해하지 못했을 경우, 우연한 사고인 경우에는 처벌해서는 안 된다. 대신 다시 한 번 설명하고 연습을 시킨다. 다른 방식으로 해결할 수 있는 비교적 사소한 잘못에 대해서도 마찬가지다. 공을 치우라는 말에 아이가 "싫어!"라고 답했다면 타임아웃을 꺼내들기보다는 이렇게 말하는 것이 보다 효과적이다.

"네가 공놀이를 더 하고 싶다는 걸 엄마에게 이야기해 줘서 고마워. 자, 어디 한번 엄마한테 멋지게 공을 던져보겠니? 그런 다음 함께 공을 치우자꾸나."

이처럼 보다 가벼운 접근법이 통한다면 불필요한 수고를 들이지 않고 아이와 윈윈win-win할 수 있다. 창의력을 발휘해 아이에게 자신의 욕구를 말로 표현하게 하고, 유머 감각으로 아이의 주의를 다른 곳으로 돌리는 것도 좋다. 간지럼이나 숨바꼭질, 장난감 치우기 놀이 등도 훌륭한 방법이다.

아이에게 어떤 행동을 하면 안 되는지 이야기해 주었다면, 타임아웃을 적용하는 데 일관성을 유지하기 위한 마음의 준비를 해야 한다. 하루에도 몇 차례나 똑같은 행동에 대해 타임아웃을 외쳐야 할 경우를 위해서다. 정말이지 지치고 피곤한 일이지만, 그렇게 해야 확실하다.

또한 아이의 잘못된 행동에 대해 되도록 빨리 대처해야 한다. 행동에 대한 결과가 빨리 드러날수록 그 둘의 연관관계에 대한 개념이 확실해지기 때문이다. 강아지가 새로 산 카펫에 올라가지 못하도록 훈련시키는 데 얼마나 오랜 시간이 걸렸는지 생각해 보자. 며칠, 몇 주, 몇 달 동안 변함이 없어야 한다. 지금 당신은 소중한 아이에게 올바른 행동으로 사회의 규칙을 따르도록 훈련시키고 있는 중이다. 이것은 어느 누구도 빠르고 쉽게 해낼 수 있는 일이 아니다.

'아이에게 타임아웃을 하루에 몇 번까지 주어도 될까?'에 대한 제한은 없다. 아이가 너무 많은 시간 동안 타임아웃을 하는 것처럼 보여도 걱정하지 말자. 특히 아이가 오랫동안 계속해서 익숙해진 그릇된 행동과 씨름하고 있는 중이라면 말이다. 이런 행동을 고치는 데는 아주 많은 시간이 필요하다. 더불어 아이가 부모를 시험에 들게 할 때에도 대비하자. 꿋꿋하게 행동하자. 그러면 분명 성공할 것이다.

타임아웃의 효과를 2배로 키우는 칭찬

일단 타임아웃이 끝나면 아이에게 자신의 행동에 대해 사과하게 한다. 그러고 나서 아이가 벌을 끝마쳤다는 것을 느낄 수 있도록 애정이 깃든 표정을 보여주어야 한다. 타임아웃 이전에 저지른 잘못에 대해서는 다시 언급하지 않는다. 절대로 타임아웃을 끝낸 순간을 활용해 가르치려 하지 말자. 그건 마치 아이가 넘어졌는데 발로 차는 것과 같다. 사과하고 반성했는데 또 한 번 설교를 들어야 하는 셈이다. 아이는 잘못을 저질렀고 벌을 받았으니 이제 자유로운 몸이다.

타임아웃을 성공적으로 활용하기 위한 또 다른 전략은 아이가 올바르게 행동했을 때 과장되게 칭찬하는 것이다.

"와, 컵을 바닥에 놓지 않고 식탁 위에 올려놓았네. 정말 고마워. 참 잘했어!"

다시 한 번 말하지만 아이가 아니라 아이의 행동에 대해서 말해야 한다. 또한 칭찬이 제대로 효과를 발휘하려면 분명하고 명확해야 한다. 부모가 왜 기뻐하는지 아이가 그 이유를 모른다면 "정말 착한 애구나!"라고 말하는 것은 아무런 의미가 없다.

'남자가 여자를 칭찬할 때는 아주 구체적이어야 한다'는 격언이 있다. 여자에겐 그냥 애매모호하게 멋지다고 말해서는 안 된다. 달빛을 받은 그녀의 검은 머리가 얼마나 반짝거리는지, 그녀의 미소가 방 안을 얼마나 환하게 만드는지 이야기해야 한다. 여자들은 칭찬받을 때 섬세하고 그럴듯하게 묘사해 주기를 원한다. 아이도 다르지 않다. 구체적이어야 한다.

"정말 좋은 오빠구나!"라고 하는 대신 "아기인 동생을 부드럽게 만져주는 모습을 보니까 엄마는 정말이지 네가 자랑스러워!"라고 말한다.

아이와 부모의 자존심을 지켜주는 1-2-3 매직

부모 역할은 때때로 힘에 부치곤 한다. 자제력을 잃고 폭발하기 일보 직전까지 내몰릴 때도 있다. 그럴 땐 아이를 즉시 침대나 울타리가 있는 놀이터 등 안전한 장소로 옮겨놓고 마음을 가라앉힐 시간을 가진다. 자신을 위한 타임아웃을 갖는다고 해서 나쁜 부모가 되는 것은 아니다. 사실 그렇게 함으로써 더 훌륭한 부모가 될 수 있다. 단, 스스로 마음을 가다듬을 동안 아이가 안전한지만 확인하면 된다.

토머스 펠런Thomas W. Phelan 박사가 고안한 '1-2-3 매직'은 잔소리를 하거나 고함치거나 윽박지르지 않으면서 아이의 버릇을 고쳐준다. '1-2-3 매직'의 장점은 부모가 감정적이지 않은 상태에서 쉽고 일관성 있게 실천할 수 있다는 데 있다. 지나치게 엄격하거나 관대한 대부분의 훈육법에 비해 공정하며 균형 잡힌 방법으로, 아이와 부모 모두의 자존심을 지켜준다.

'1-2-3 매직'은 3단계로 되어 있다. 첫째, 아이의 잘못된 행동을 멈추게 한다. 둘째, 어떻게 해야 하는지 아이에게 지시한다. 마지막으로, 훈육이 이루어지기 전후에 부모와 자녀의 유대를 강화시킨다. '1-2-3 매직'을 적용한 사례를 예로 들어보자.

"아서야, 장난감 자동차는 던지라고 있는 게 아니란다. 그만 했으면 좋겠어."

아서는 다시 장난감 자동차를 던진다.

"한 번 말하는 거야. 자동차는 바닥에 내려놓고 굴리는 거야."

아서는 이번에도 역시 자동차를 던진다.

"두 번째야, 아서."

하지만 아서는 아랑곳하지 않고 다시 자동차를 아무렇게나 내동댕이친다.

"세 번째야. 자동차를 이리 주고 저리 가서 타임아웃을 해."

이 방법은 아주 효과가 좋았다. 부모는 고함을 치거나 잔소리를 하지 않았고, 아이를 윽박지르지도 않았다. 받아들일 수 없는 행동에 대해 객관적으로 이야기했을 뿐이다. 어쩌면 이렇게 물을지도 모른다.

"왜 아이에게 세 번의 기회를 주는 거지요? 처음 말했을 때 당장 듣게 할 수도 있지 않나요?"

어른과 마찬가지로 아이도 하던 행동을 멈추고 다른 행동을 하기 위해 준비할 시간이 필요하다. 게다가 아이들은 배우는 중이고, 한 번 말했을 때는 잘 이해하지 못할 수도 있다.

올바른 타임아웃 방법

1. 아이가 아니라 아이의 행동을 지적한다.

    "네가 한 행동이 나쁜 거지, 넌 좋은 아이야."

2. 무엇을 잘못했는지 확실하게 알려준다.

    어떤 행동을 멈춰야 하는지 정확하게 이야기한다.

    "텔레비전에 장난감을 던지지 마라."

    '1-2-3 매직'을 활용한다.

    "첫 번째 경고다."

    어떻게 해야 하는지를 분명하게 알려준다.

    "자동차를 바닥에 내려놔."

3. 감정적으로 반응하지 않는다.

    소리를 지르거나, 간청하거나, 잔소리하거나, 큰소리를 내지 않는다.

4. 예외를 두지 않는다.

타임아웃을 부른 후에는 아이가 아무리 애원해도 흔들려서는 안 된다. 아이는 부모가 "마지막 경고다"라고 한 후에는 곧바로 조치가 취해진다는 것을 확실하게 알아야 한다. 어떤 경우에도 예외를 두어서는 안 된다.

5. 타임아웃을 끝까지 하게 한다.

아이가 타임아웃용 의자에 가만히 앉아 있지 않고 버둥거린다면, 팔다리를 지그시 누르는 등 약간의 물리력을 사용해도 괜찮다.

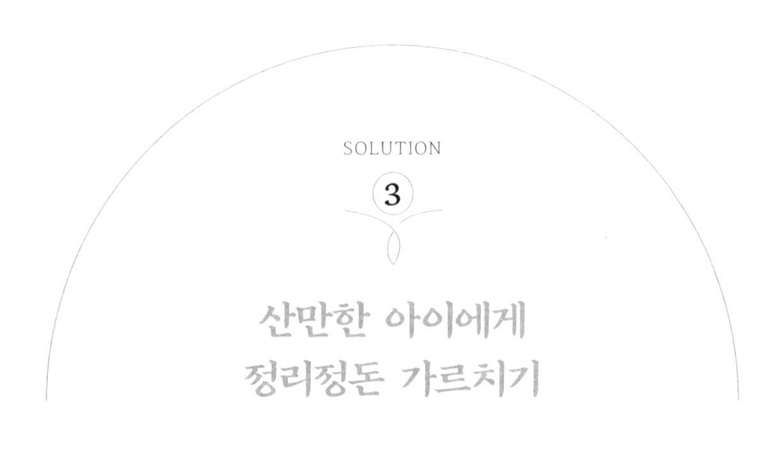

SOLUTION 3

산만한 아이에게 정리정돈 가르치기

아이가 가지고 논 장난감을 스스로 치우는 걸 본 적이 있는가? 정말이지 뿌듯한 장면일 것이다. 아이가 책임감이 강하고 정리정돈을 잘하길 원하는가? 분명 그렇게 될 수 있다. 처음부터 제대로 가르치면 된다.

어떤 사람에게는 주위가 아무리 어지러워도 전혀 문제가 되지 않는다. 하지만 일반적으로 주변 환경이 잘 정돈되어 있을 때 편안한 느낌을 받으며 보다 생산적일 수 있다고 필자는 믿는다. 그리고 여러 연구를 통해 사실로 입증되고 있다.

당신은 깔끔하고 잘 정돈된 환경에서 살 자격이 있다. 그리고 그것은 스스로에게 애정을 갖는 방식 중 하나다. 정리정돈은

해야 할 일이 아니라 스스로에 대한 '대접'이라고 생각하고 아이에게도 가르치자.

부모가 먼저 정리한다

아이가 이리저리 돌아다니기 전에 잘 정돈된 무대를 만들어 놓아야 한다. 아이가 평화롭고 자유롭게 탐험할 수 있도록 놀이 공간을 잘 정돈해 놓는 것이다. 이런 분위기가 정서에 상당히 큰 영향을 미친다는 건 우리 모두 잘 아는 사실이다. 평화롭고 차분한 환경은 평화롭고 차분한 태도를 만들어내는 법이다.

그러면 어떻게 해야 할까? 우선 아이 방을 부드럽고 연한 색상으로 꾸며준다. 좀 더 편한 분위기를 원한다면 부드러운 조명을 활용한다. 잔잔한 음악을 틀어주거나 마음을 가라앉히는 아로마 향도 좋다. 아이를 위한 공간에는 꼭 필요한 것만 놔두고 벽은 평온한 그림으로 장식한다. 부드러운 카펫이나 바닥깔개도 도움이 된다.

집 안에 놀이 공간을 만들고 장난감은 종류별로 구분해 지정된 장소에 놓는다. 책상과 의자 등으로 독서를 위한 장소를 만들어주어도 좋다. 또 물건을 수납할 수 있는 상자를 두어서 아이가 손쉽게 정리할 수 있게 한다.

TIP! **정리가 한결 쉬워지는 수납법**

- 플라스틱 상자를 이용하면 쉽게 정리할 수 있다.
- 벽에 걸려 있는 옷걸이에 옷과 재킷을 걸어둔다.
- 깨끗이 닦은 커피통은 크레용을 보관하기에 안성맞춤이다.
- 잘 정돈된 집이라 해도 폐품 서랍장이 필요하다.
  뚜껑 달린 상자에 '잡동사니'라고 써놓고 온갖 폐품 장난감들, 패스트푸드점에서 받은 장난감 등을 보관한다. 정기적으로 상자를 비우고, 재활용을 기다리는 다른 물건들을 새롭게 채워 넣는다.

가지고 논 장난감은 스스로 정리하게 한다

일단 아이가 장난감을 가지고 논 다음에 어떻게 정리할 것인지에 대해 미리 정해야 한다. 장난감이 바닥에 아무렇게나 널려 있어도 개의치 않는다면 굳이 땀 흘려 치울 필요는 없다. 그렇지 않다면 사용한 물건을 제자리에 두게 해야 한다.

아이가 가지고 논 장난감을 정리할 수 있도록 상자를 준비한다. 뚜껑이 달린 커다란 플라스틱 상자를 준비하는데, 뚜껑은 꽝 하고 급하게 닫혀서는 안 되며 천천히 안전하게 닫히는 것이 좋다. 필자는 상자를 여러 개 준비해서 '자동차', '공', '동물' 등으로 각각 한눈에 알 수 있도록 이름표와 그림을 붙여놓았다. 그리고 "깨끗이, 깨끗이, 이제는 우리가 청소할 시간" 하고 노래를 부르며 장난감을 각각의 상자에 넣었다. 그러면 아이도 따라서 신나게 정리를 시작한다. 특정한 노래가 아니라도 따라 부르기 쉬운 동요를 골라 가사를 붙이면 된다. 유치원 선생님들은 아이들이 지금 하고 있는 활동을 마치고 다음 활동으로 자연스럽게 넘어갈 수 있도록 노래를 활용한다. 쉽고 경쾌한 동요에 '정리를 하자', '옷 입을 시간이에요' 등 노랫말을 붙여 부른다.

필자는 아이를 대신해 장난감들을 치우는 경우가 아주 드물다. 아이들이 잘 따라준 덕분이다.

"네가 가지고 놀았으니까, 네가 치워야지."

이렇게 하면 놀이 시간이 끝난 후 장난감을 치우는 것은 아이에게 아주 자연스럽고 당연한 일이 된다.

아이의 노력에 칭찬으로 보상해 준다

'내가 가지고 논 것은 내가 치운다'는 건 책임감 있는 아이에겐 당연한 습관이다. 부모가 평소에 장난감, 옷가지, 신발 등을 어떻게 정리할지 알려주면 '내가 치워야 되는 줄은 몰랐어'라는 생각은 하지 않을 것이다. 손쉽게 정리 환경을 갖추면 또한 "어디에 둘지 몰랐어"라는 소리를 하지 않는다.

단, 아이에게는 그 나이에 가능한 정리정돈을 기대해야 한다. 예를 들어, 세 살짜리에게 장난감 자동차를 선반에 나란히 줄을 맞춰 정리하기를 기대할 수는 없다. 하지만 장난감 자동차를 자동차 그림이 붙어 있는 플라스틱 상자 안에 넣는 것은 충분히 할 수 있다. 유치원에 다닐 정도의 나이라면 사소한 집안일에 대한 책임을 나누어 주어도 좋다. 이즈음의 아이에겐 도움을 청하기가 아주 편하다. 어른처럼 자기도 뭔가 도움이 되는 역할을 하고 싶은 욕구가 있기 때문이다. 세탁 바구니에 양말을 넣는 일, 또는 방에 놓인 상자 안에 물건을 넣는 일부터 시작하면 아주 좋다. 아침마다 자신의 침대를 정돈하는 것 또한 일상생활에서 책임감을 기르는 훌륭한 방법이다. 완벽하게 해내지는 못하더라도 아이의 노력에 칭찬으로 보상해 주자. 아이는 만족감을 느끼며 잘 해낼 수 있다는 자신감을 가질 것이다.

단, 칭찬은 적당한 시기에 분명한 목적으로 해야 한다. 그렇게 해야 아이의 사기를 높이고 좋은 습관을 들일 수 있다. 예를 들어, 아이가 장난감을 상자 안에 잘 정리하기 시작한 지 몇 달이 지났다면 더 이상 칭찬해 주지 않아도 된다. 장난감을 상자 안에 넣는 것은 이제 아이가 당연히 해야 할 일이기 때문이다. 이것은 특별히 칭찬받을 만한 행동이 아니라 일상적인 습관이 되어야 한다. 그렇더라도 아이의 노력을 잘 알고 고맙게 여긴다는 것을 이따금 확인시켜 준다. 하지만 특별히 칭찬해 줄 필요는 없다. 밥을 먹고 이를 닦고 목욕을 하는 것처럼 이제 아이의 일상적인 생활이 되어야 하는 것에 대해선 말이다.

매일매일 집안일을 한다고 어느 누가 보상을 해주던가? 아마 바라지도 않을 것이다. 하지만 가끔씩 가족 중 누군가가 "빨래를 해줘서 고마워요. 옷에서 항상 좋은 향기가 나요"라고 말해주면 정말 기분이 좋다. 그러니 생각날 때마다, 그러나 적당히 아이를 칭찬해 주자.

아이가 망가뜨린 장난감은 곧바로 사주지 않는다

아이가 장난감을 던져 망가뜨리면 부모가 헐레벌떡 새것으로 사주는 모습을 수도 없이 보았다. 아이가 잘못 다뤄서 책이 찢어지면 새 책을 사주고, 곰인형의 팔이 떨어져 나가면 새 곰인형을 사주고……. 그렇게 하면 아이가 도대체 무엇을 배울까? 아마도 아이는 물건이 망가지면 자동적으로 새것이 생긴다고 배울 것이다. 하지만 처음부터 물건의 소중함을 제대로 배우면 아이는 흔히 사용하는 물건은 물론 반려동물과 주위 사람도 귀중히 여길 줄 알게 된다.

아이들은 아직 돈에 대한 개념이 제대로 잡혀 있지 않다. 물건이 어떻게 자신의 손에 들어오는지도 알지 못한다. 아이에게 돈은 마법과도 같다. 새로운 장난감이 '짠' 하고 눈앞에 나타나니 말이다.

아이가 장난감을 던지기 시작한 그 순간 분명하게 가르쳐야 한다. "장난감은 던지는 게 아니야"라고 말한 후, 그 장난감을 치워버리고 다른 것을 가지고 놀게 한다. 그대로 가지고 놀게 두면 물건을 함부로 다루어도 아무런 불이익이 없다고 가르치는 꼴이 된다.

아이가 가족의 물건을 소중히 하는 것을 배우지 못하면 다른 것들에 대해서는 어떨까? 도서관에서 빌린 책을 어떻게 다룰까? 다른 사람의 물건을 함부로 다루어서는 안 된다는 것을 어떻게 알 수 있을까?

"네가 부숴버려서 이제 가지고 놀 수 없어."

자신이 소홀히 다루었거나 잃어버린 물건을 대체할 수 있는 길은 오직 다른 것을 사용하는 수밖에 달리 방법이 없다고 가르치자. 이건 우리의 실생활과도 비슷하다. 실제로 깨뜨리거나 잃어버린 물건을 대체할 수 있는 것은 돈을 벌어 그 물건을 다시 사는 수밖에 없다. 대신할 물건이 없다면 아이의 나이에 맞는 자질구레한 일을 하게 한 후 약간의 용돈을 주어 새 책, 새 곰인형, 또는 아이가 원하는 물건을 사게 하는 것도 좋다.

한 부모가 내게 이런 이야기를 했다. 십대 아들이 친구와 함께 심한 장난을 치다 이웃의 물건을 엉망으로 만들었다고 한다. 그는 아들에게 자신이 저지른 경솔한 행동을 사과하라고 했다. 그리고 아침 일찍 일어나 이웃을 위해 2주 동안 봉사를 시켰다. 물건을 변상하고 잘못을 빌기 위해서 말이다. 그는 이렇게 덧붙였다.

"내 아들은 그때 아주 뼈저린 교훈을 얻은 덕에 다시는 심각한 문제를 일으키지 않았어요. 하지만 안타깝게도 다른 아이의 부모는 자식에게 아무런 조치도 취하지 않았어요. 아들 친구 녀석은 급기야 범죄를 저질렀답니다."

이 이야기는 아이들에게 물건을 소중히 하도록 가르치는 것이 얼마나 중요한지를 상기시켜 준다. 그리고 모든 것은 바로 여기, 가정에서 시작된다.

스스로 정리하는 습관을 들이려면

1. 분명한 규칙을 정한다.

   가지고 놀았으면 직접 정리하게 한다.

2. 놀이 시간이 끝나기 전에 미리 알려준다.

   "2분 남았다."

3. 정리하기 편리한 수납 상자를 준비한다.

   상자마다 이름표를 붙여서 무엇을 어디에 넣을지 정해 준다.

4. 즐거운 분위기를 만든다.

   "모두 제자리~ 모두 제자리~ 즐겁게 정리하자."
   유쾌한 노래에 짧고 쉬운 가사를 붙여 정리를 즐거운 놀이로 즐기게 한다.

5. 부모가 먼저 본보기를 보인다.

부모가 앞장서서 하면 아이도 그대로 따라 한다.

6. 비난하지 않고 책임감을 키워준다.

"네가 가지고 논 것은 네가 정리한다"는 말로 책임감을 가르치되, 아이를 비난해서는 안 된다. "네가 이렇게 엉망진창으로 만들어놓았잖아. 이제 치워" 같은 말은 자신이 하는 놀이가 잘못된 것이며, 쓰레기 더미만 만들 뿐이라는 생각을 심어줄 수 있다.

SOLUTION

형제자매 간의 다툼을 건강한 경쟁으로 변화시키기

자녀가 둘 이상 있는 가정에서 형제자매 간 경쟁은 피할 수 없는 생활의 일부가 된다. 둘째 아이가 태어나면서부터 경쟁은 시작된다. 그 전까지는 '형제 혹은 자매'와 '경쟁자'가 같은 의미라는 것을 전혀 몰랐을 것이다. 그럼 형제자매 간의 경쟁을 어떻게 다루어야 할까? 부모는 한 팀이란 걸 기억하는가? 부모는 '조정자' 역할을 해내야 한다. 둘째가 태어나면 아빠는 주심 역할을, 엄마는 부심 역할을 한다. 부모가 힘을 합쳐 '가족 경기'의 공정한 심판을 보는 것이다.

형과 동생이 서로를 응원하도록 격려한다

형제자매 간의 지나친 경쟁을 줄이려면 어떻게 해야 할까? 형제 관계를 올바르게 시작하는 방법 중 하나는 새로 태어난 동생을 집으로 데려 오기 전, 첫째에게 형이나 언니로서의 준비를 시키는 것이다. 형이나 언니가 무엇을 의미하는지 설명해 주고, 앞으로 해야 할 특별한 역할을 알려준다.

동생이 태어나면 아이는 자신의 새로운 역할에 대해 호기심을 보인다. 동생 안아주기, 동생 웃게 만들기, 엄마 돕기 등 형이나 언니가 되면 할 수 있는 재미난 일을 찾아낼지도 모른다. 흔히 아이는 엄마를 역할 모델로 삼아 보호자가 되려고 할 것이다. 아이가 제안하는 아이디어를 인정하고, 도와주려는 마음을 가상히 여기고 칭찬해 주자.

새로 태어난 아이를 보러 방문하는 사람들에겐 첫째에게 줄 선물을 부탁한다. 친구나 친척이 방문해 갓 태어난 아이에게 온통 관심을 집중하고 있는 동안에도 부모는 첫째에게 관심을 보여야 한다.

가족이라는 '팀'에서 형제자매는 서로에게 '치어리더'의 역할을 한다. 건강하게 자란 형제자매는 서로 사랑하고 격려한다. 또한 돕고 존중하며 서로에게 정직하게 대한다. 작은아이에게 형이나 언니가 재주넘기를 하거나 쓰고 난 컵을 개수대에 넣을 때 박수를 쳐주게 한다. 동생이 칭찬받을 만한 일을 했을 때는 큰아이에게 응원용 깃발을 주고 흔들며 축하해 주라고 가르친다. 서로가 최고의 팬이라는 마음을 심어주는 것이 중요하다.

각각의 아이들과 따로 시간을 보낸다

부모는 형제자매가 건강하고 튼튼한 관계가 되도록 도와야 한다. 그러기 위해서 한 아이와 따로 보내는 시간을 가져야 한다. 아이에게 자신의 고유한 가치와 가족 안에서의 가치를 확인시켜 주기 위해서다. 함께 가게에 가도 좋고, 큰소리로 책을 읽거나 산책을 하는 것도 좋다. 아이가 온전히 부모의 관심을 받고 있다고 느끼게 해주어야 한다.

아이에게 사랑은 시간에 비례한다. 관심을 주고, 눈을 맞추고, 집중해 주는 것은 정말이지 큰 효과가 있다. 아이의 자존감을 키워주면서 더불어 다른 아이에게도 관심을 주면 질투는 생겨나지 않는다. 아이는 자신이 특별하며, 가족이라는 팀에서 중요한 역할을 하고 있다고 여긴다. 그리고 무엇보다도 부모가 자신을 사랑하고 있음을 확신한다.

단지 형제자매라는 이유로 아이들이 늘 같이 붙어 다닐 필요는 없다. 서로의 사적인 영역을 존중해 주고, 늘 같이 놀지는 못한다는 점을 아이에게 가르친다. 보통 동생이 늘 형이나 언니와 놀고 싶어해서 다툼이 생긴다. 같은 유치원에 다니더라도 반드시 함께 가야 하는 것은 아니며, 친구도 각자 사귀어야 한다. 또한 각자의 개성을 인정해 주는 것도 중요하다. 형이나 언니, 혹은 동생과 다르다는 것을 아이에게 알려주어야 한다. 다르기 때문에 특별하며, 어느 누구도 대신할 수 없다고 믿게 한다.

큰아이에게 의무와 함께 특권을 준다

폭력은 용납될 수 없는 것이지만 형제자매 간의 물리적인 다툼은 종종 일어나기 마련이다. 언제쯤 말다툼에서 몸싸움으로 진행되는지 그 경계를 주의해서 지켜보자. 대개 말로 의사를 제대로 전달하지 못하는 동생이 형에게 달려드는 경우가 흔하다. 이것은 아주 자연스러운 상황이다. 아이가 말을 잘하게 될수록 이 같은 행동은 줄어든다. 그렇다 하더라도 몸싸움이 시작되면 둘 사이에 참견해서, 때리지 말고 말로 하라고 가르친다.

특히 남자아이들이 좀 더 자주 다툰다. 어느 선까지는 괜찮지만, 그래도 어느 한쪽이 "그만해!"라고 말하면 즉시 멈추어야 한다는 등 규칙을 정한다. 처음에는 그저 장난으로 시작했다 할지라도 말이다.

또한 규칙을 어긴 경우에는 그 나이에 맞는 벌을 준다. 모두 똑같은 규칙을 지키더라도 나이에 따라 조금씩 다른 방식으로 벌칙을 적용한다. 네 살짜리 아이는 때리는 것이 나쁘다는 것을 잘 안다. 그러니 만약 동생을 때렸다면 곧장 타임아웃을 해야 한다. 하지만 18개월 된 동생은 이제 막 배우는 중이므로 먼저 경고를 한다. 또 두 살짜리 아이가 2분 동안 타임아웃을 한다면, 다섯 살짜리 아이는 5분 동안 하는 것이 맞다. 이때 다섯 살짜리 아이가 "억울해!"라고 불만을 터뜨릴 수 있다. 그럴 땐 이렇게 말한다.

"네가 나이가 더 많잖아. 나이가 많으면 할 수 있는 일이 더 많은 대신 타임아웃을 좀 더 오래 해야 해. 무슨 잘못을 했는지 네가 동생보다 더 잘 아니까 말이야."

대신 큰아이가 원한다면 작은아이보다 몇 분 정도 늦게 자도록 허락한다. 작은아이가 잘못했을 땐 큰아이가 바로잡게 하는 약간의 특권도 준다.

나이가 다른 아이들을 다루는 데는 엄청난 인내가 필요하다. 왜 서로의 역할과 의무가 다른지 끊임없이 설명해야 한다.

작은아이에게 형은 더 많은 자유를 누리는 것처럼 보인다. 학교에 다니고 신나는 소풍도 가기 때문이다. 작은아이에게도 곧 그럴 수 있다고 확신시켜 준다.

아빠와 오빠가 함께 낚시하러 가는 것을 보고 네 살짜리 아이가 나서며 말했다.

"나도 같이 갈래!"

아빠가 딸에게 몸을 숙이고 말했다.

"네가 좀 더 크면 우리와 함께 낚시하러 갈 수 있단다."

그렇게 말하고는 아빠와 오빠는 밖으로 나갔다. 아이는 잠깐 생각하더니, 곧 오빠의 신발을 신고 문밖으로 뒤뚱뒤뚱 뛰어나가며 신이 나서 외쳤다.

"이제 좀 더 컸어요!"

동생은 혼자 남겨지는 소외감을 느끼게 된다. 하지만 형이나 언니 역시 더 귀엽고 어린 동생 때문에 무대 뒤에 홀로 남아 있는 듯한 고통을 느끼곤 한다. 인생은 늘 공정하지만은 않다. 마찬가지로 아이들에게도 언제나 완벽하고 고통 없는 세상을 만들어줄 수는 없다. 아이들에게 스스로 마음을 가라앉히고, 슬픔을 이겨내고, 불평등을 극복하고 행복을 찾는 방법을 가르쳐야 한다.

절대 "누가 먼저 시작했어?"라고 묻지 않는다

필자는 수많은 경험을 통해 형제자매 간에 말다툼할 때 "누가 먼저 시작했어?"라고 묻지 말아야 한다는 것을 깨달았다. 대신 아이들끼리 해결하도록 기회를 준다. 등골이 오싹해지는 비명 소리를 듣지 않은 이상 아이들끼리 문제를 해결하도록 내버려두자. 부모가 모든 것을 지켜볼 수는 없는 노릇 아닌가.

한 아이가 "재가 먼저 시작했어요!"라고 말하면 2가지 중 선택을 해야 한다. 아이들끼리 해결하게 하거나, 둘 모두에게 벌을 주는 것이다. 현명한 부모는 어느 한쪽 편을 들지 않는다. 누가 무슨 짓을 했는지 정확히 알고 있지 않은 이상 한 아이에게 책임을 지워서는 안 된다. 두 아이 사이에 간섭할 때 기억해야 할 것이 또 하나 있다. 절대 추측해서는 안 된다는 점이다. 모르는 건 모르는 것이다.

말을 할 수 있게 되자마자 아이들은 고자질을 시작한다. 아이들이 살며시 와서 "할 얘기가 있어요"라고 할 때면 필자는 항상 묻는다.

"좋아, 하지만 먼저 한 가지만 묻자. 설마 고자질은 아니겠지?"

만약 아이가 그렇다고 말하면 다시 묻는다.

"그래? 누가 다쳤니? 엄마 도움이 필요해? 엄마가 꼭 알아야 하는 일이니?"

아이는 이런 질문에 흔히 "아니요"라고 대답한다. 그러면 아이에게 덧붙인다.

"신경 써줘서 고맙구나. 하지만 엄마가 정말로 알아야 되거나 도와주어야 할 일만 알려주었으면 좋겠다."

고자질에 대해서 교사는 위험하거나 해로운 상황인지를 먼저 판단한다. 만약 그렇지 않다면 들으려 하지 않는다. 부모 또한 그렇게 해야 한다.

필자는 아이들에게 무엇이든 말하라고 늘 당부한다. 그리고 아이들이 이야기를 하면 고맙다고 인사한다. 하지만 사소한 모든 것을 알 필요는 없다. 그래서 아이들에게 이런 말로 믿음을 전한다.

"너희들은 똑똑해서 작은 문제는 충분히 해결할 수 있다고 믿어. 엄마는 너희들이 해결할 수 없는 큰 문제가 생기면 도와줄 거야."

형제자매 간 다툼을 공정하게 해결하려면

1. 아이가 아니라 아이의 행동을 나무란다.

   아이들은 모두 훌륭하다. 아이의 행동이 때때로 고약할 뿐이다.

2. 누가 먼저 시작했는지 묻지 않는다.

   누가 먼저 시작했는지는 중요하지 않다. 중요한 것은 서로 다투고 있다는 사실이다.

3. 모르는 것을 아는 척하지 않는다.

   아이들 사이에 무슨 일이 있었는지 추측해서는 안 된다.

4. 아이들 스스로 문제를 해결하게 한다.

   아이들이 어떻게 했으면 하는지를 분명하게 말한다.
   "둘 중 누가 먼저 인형을 가지고 놀지 너희들이 결정해."

5. 공정한 해결책을 제시한다.

아이들 스스로 해결하지 못하면 둘 모두에게 공평하도록 인형을 압수한다.

6. 칭찬한다.

아이들이 화해하고 문제를 해결하면 "너희들이 알아서 하니까 얼마나 좋니! 참 잘했다"라고 칭찬한다.

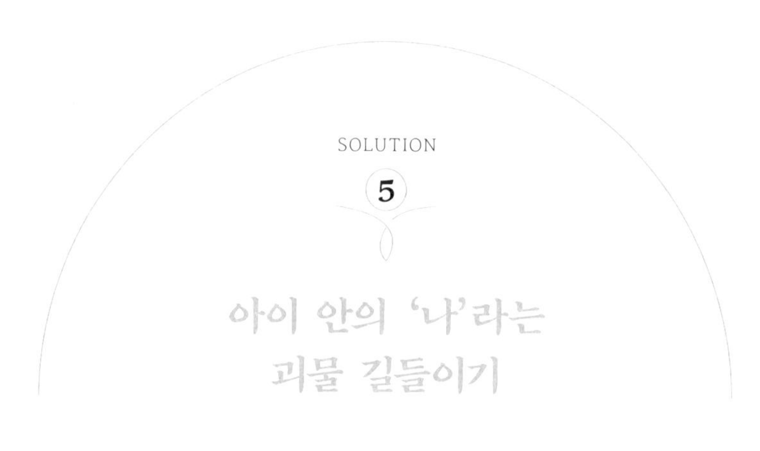

SOLUTION 5

아이 안의 '나'라는 괴물 길들이기

부모라면 거실을 자신의 독무대로 여기는 어린 재주꾼에게서 막 피어나는 재능의 싹을 밟아버리길 원하진 않을 것이다. 오히려 자부심과 자긍심을 키워주어야 한다. 하지만 동시에 다른 사람의 재능과 개성도 존중하도록 가르쳐야 한다. 인생이라는 무대를 자신감 있게 걸어나가고, 다른 사람이 주목받고 있을 땐 예의 바르게 자리에 앉아 박수칠 수 있도록 말이다. 아이들에게 자부심을 길러주되 절대 나만 아는 괴물로 만들어서는 안 된다.

그런데 아이들은 천성적으로 자기중심적인 생각을 지니고 태어난다. 마치 태양처럼 모든 행성이 자신을 가운데 두고 도는 것처럼 느낀다. 아이가 말을 할 때마다 내뱉는 첫 번째 단어는

'나'이다. 물론 처음에는 지극히 정상적이고 자연스러운 현상이다. 하지만 성장하면서 아이의 시각도 넓어져야 한다. 이 세상에는 '멋진 나' 이외에 수많은 것이 있음을 깨달아야 한다.

아이에게 역할 모델이 되어준다

아이는 본보기를 통해 배운다. 그러니 아이에게 다른 사람을 존중하도록 가르치려면 부모가 먼저 아이에게 친절해야 한다. 또한 아이가 말할 때 진지하게 들어준다. 더불어 예의 바르게 행동하도록 가르친다. 이것이야말로 부모가 자녀에게 줄 수 있는 훌륭한 선물이다.

아이가 성질을 부리며 "엄마는 바보야!"라고 불쑥 내뱉는다면 어떻게 하겠는가? 아마도 "누가 엄마한테 그런 말을 하라고 했어!"라고 소리 높여 되받아칠 것이다. 그러면 감정적으로 반응하는 꼴이 된다. 그럴 땐 이렇게 해보자.

"우리 집에서는 바보라는 말은 쓰지 않아. 그건 나쁜 말이거든. '신발 좀 신겨주세요'라고 예의 바르게 말하면 엄마도 너를 도와주고 싶을 것 같은데."

또한 아이에게 논쟁과 의견 차이를 다루는 법에 대한 역할

모델이 되어주어야 한다. 살다 보면 갈등은 늘 생기게 마련이다. 그러니 아이에게 갈등을 적절하게 다룰 수 있는 능력을 갖춰주자. 먼저 어떻게 자신의 생각을 정중하게 드러내는지 보여준다. 예를 들어, 아이가 "완두콩은 싫어! 초록색이라 징그러워. 맛없어"라고 억지를 부린다면 이렇게 답한다.

"음, 정말 재미있는 표현이네. 완두콩을 꼭 좋아해야 하는 건 아니야. 싫어할 수도 있어. 하지만 엄마는 완두콩이 무지무지 좋단다. 특히 으깬 감자와 함께 먹을 때는 정말 맛있어. 네가 싫어하는 음식이라도 다른 누군가는 아주 맛있게 먹을 수도 있어. 그럼 네가 가장 좋아하는 채소는 뭐야?"

친절하고 예의 바르게 말하고 다른 사람의 입장에서 생각할 줄 아는 능력은 아주 중요하다. 이는 감성지능에서 중요한 요소 중 하나이기도 하다. 아이가 유치원에 가기 전 이렇게 말해주자.

"부끄러움을 많이 타거나 혼자 떨어져 있는 친구에겐 같이 놀자고 해. 그러면 친구가 정말 좋아할 거야."

다른 사람에게 무엇이 필요할지 생각해 보도록 가르치는 것은 아이의 자부심을 높이는 데도 큰 도움이 된다. 다른 사람을 돕기 위해 소매를 걷어붙일 때 자부심이 자라난다.

TIP! 아이에게 예절을 가르치는 아이디어

- 아이에게 본보기가 되어준다.

  아이 앞에서 다른 사람에게 존댓말을 쓰고 감사 인사를 자주 하자. 흉내야말로 가장 훌륭한 학습법이다.

- 다른 아이의 예의 바른 행동을 칭찬한다.

  "와, 앞 사람을 밀지 않고 저렇게 줄을 서서 기다리니 얼마나 보기 좋고 예의 바르니? 정말 멋지다."

- 전화 예절을 가르친다.

  장난감 전화기를 이용해 전화 예절을 가르칠 수 있다. 전화를 건 사람에게 해야 할 말과 하지 말아야 할 말을 구분해 주자.

- 집에서 식탁 예절을 연습시킨다.

  식사 시간은 한 번에 여러 가지 예절을 가르칠 수 있는 좋은 기회이다. 차분히 기다리기, 메뉴에서 음식 고르기, 종업원에게 감사 인사하기, 모든 사람들이 식사를 마칠 때까지 자리에서 가만히 앉아 기다리기 등 네 살 정도면 식탁에서 어떤 행동을 하면 안 되는지 확실하게 이해할 수 있다.

아이들은 수고한 대가로 번 돈으로 가게에 가 선물을 사오는 것을 이해하지 못한다. 아이는 단지 그날이 자신의 생일이라는 사실만 알 뿐이며, 생일 선물 받는 것을 당연하게 여긴다. 이것이 바로 우리가 살고 있는 현실이다. 아이가 선물을 받으면 이렇게 설명해 주자.

"할아버지께서 너를 사랑해서 열심히 일해서 번 돈으로 빨간 소방차를 사오셨단다. 정말 감사하지? 네가 소방차를 가지고 노는 모습을 그림으로 그려 할아버지께 보내드리자. 정말 멋진 선물을 주셔서 감사하다는 말도 쓰고……."

기회가 된다면 아이와 함께 자그마한 채소밭을 가꾸는 것도 좋다. 함께 씨를 뿌리고 돌보면 채소가 자랐을 때의 기쁨을 느낄 수 있다. 그런 과정을 이해하게 되면 사물을 소중히 여기는 생각이 절로 자란다.

또한 '지연된 만족delayed gratification'이 가져오는 보다 값진 보상을 가르치려면 아이에게 임무를 주고 완수했을 때 보상을 해준다. 예를 들어, 아이가 갖고 싶어 하는 장난감이 있다면, 장난감을 사기 위해 필요한 돈을 벌 수 있는 계획을 짜준다. 유치원 선생님에게 칭찬을 받으면 '참 잘했어요' 스티커를 한 장씩 주어서 25장의 스티커를 모으면 장난감 살 용돈을 주는 것이다. 또는 방을 정리하거나 목욕을 잘하면 동전을 주어 저금통에 넣게 하는 것도 좋다. 어떤 방식을 택하든 아이가 노력을 통해 자신이 원하는 장난감을 샀다고 느끼게 해야 한다.

아주 어릴 때부터 베풀고 나누는 법을 가르친다

관대함과 관용은 끝없이 나누어줄 수 있는 선물이다. 한 아이가 휠체어에 탄 사람을 보고 이렇게 말할 때 필자는 정말이지 감탄했다.

"난 저 아저씨가 다리를 마음대로 움직일 수 없다는 게 너무 슬퍼요. 아저씨를 위해서 문을 잡아줄래요."

세상에 물들지 않은 아이들은 '차이differences'만을 바라볼 뿐, 판단 따위는 내리지 않는다. 아이들은 대가를 바라지 않고 도움을 주려 한다. 따라서 부모가 잘 이끌어주면 아주 어렸을 때부터 다른 사람의 어려움에 진심으로 공감할 줄 알게 된다. 그리고 어떻게 도울 수 있을지를 생각한다.

남을 돕는 마음을 어떻게 키워줄 수 있을까? 작아져 입지 않는 아이의 옷가지나 장난감을 보호시설에 보내게 할 수도 있다. 크리스마스 시즌에는 다른 아이들을 위한 크리스마스트리 만들기에 참여하거나, 가족이 함께 선물을 포장해서 필요한 아이들에게 주는 것도 멋진 방법이다.

당신이 아이를 진정으로 사랑한다면 아이가 축복받게 해달라고 기도할 것이 아니라, 아이가 다른 이들에게 축복을 줄 수 있는 사람이 되게 해달라고 기도하자.

스포츠는 어울리는 법을 배우는 좋은 기회다

스포츠는 인생을 위한 멋진 기초훈련이다. 아이가 자주 친구들과 어울려 운동을 할 수 있게 해주고, 그 속에서 팀원으로서의 역할을 가르친다. 아이는 다른 아이들과 몸을 부대끼며 깨끗하게 패배를 인정하는 법을 배우고, 최선을 다하는 법도 배운다. 아이가 경기를 끝내고 집에 돌아왔을 땐 "이겼니?"라는 말 대신 이렇게 묻는다.

"잘했니?"

"최선을 다했어?"

"공정하게 게임했니?"

"경기 끝나고 상대 팀 선수들과 악수했니?"

"벤치에 앉아 있을 때 응원도 열심히 했지?"

"혼자만 공을 몰지 않고 패스는 잘했겠지?"

"코치 선생님 말씀은 잘 들었어?"

"재미있었니?"

"심판의 판결에 잘 따랐니?"

"이겼다고 너무 으스대지 않았지?"

만약 이런 질문에 자신 있게 대답한다면 부모가 아이에게 훌륭한 스포츠 정신이 무엇인지 제대로 가르친 것이다. 또 한 가지 주의할 것은, 함께 놀아주면서 아이에게 일부러 져주어서는 안 된다는 점이다. 아이는 부모가 살살 봐준다는 것을 금세 눈치채고, 이기더라도 그다지 만족감을 느끼지 못한다. 게다가 그렇게 하면 패배를 경험할 기회가 없을 뿐더러, 우아하게 승리하는 법을 배울 수도 없다.

'나'보다 '우리'를 생각하게 하려면

1. 다른 사람을 존중하라고 가르친다.

   다른 사람을 존중하는 것은 매우 중요하다.

2. 늘 이기라고 강조하지 않는다.

   이기기보다는 즐기고 노력하라고 강조한다.

3. 누구나 실패할 때가 있음을 알려준다.

   승자가 있으면 패자도 있게 마련이다. 지더라도 우아하게 받아들이게 하자. 그러면 진정한 승자가 되는 셈이다!

4. 아이의 감정을 인정해 준다.

   아이가 자신의 감정을 어떻게 표현해야 할지 모를 땐, 어울리는 단어 등을 알려줘서 제대로 표현할 수 있도록 돕는다.

5. 세상이 늘 자신을 중심으로 돌아가는 것은 아님을 알게 한다.

아이에게는 이런 사실을 받아들이는 것이 쉽지 않다. 하지만 세상은 냉혹하다. 아이가 이 교훈을 일찍 깨달을수록 좋다.

6. 실패는 잠깐뿐이라고 말해준다.

언제나 다음 기회가 있으니 포기하지 말라고 격려한다.

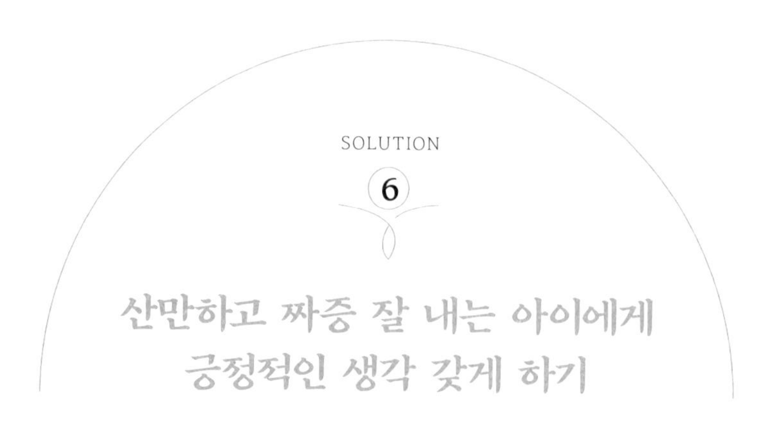

SOLUTION 6

산만하고 짜증 잘 내는 아이에게 긍정적인 생각 갖게 하기

좋은 환경에서 긍정적인 태도가 나오기 마련이다. 그렇다면 어떤 환경에서 아이를 긍정적으로 키울 수 있을까? 오감을 활용해 보자. "집에 음악을 틀어놓으면 부정적인 생각이 끼어들 틈이 없다"고 누군가 말하는 것을 들은 적이 있다. 그 이야기를 듣고 필자는 출근하는 차 안에서 좋아하는 음악을 들었다. 그랬더니 기분이 한결 좋아졌다. 다른 사람들도 필자가 기분이 좋다는 걸 알아볼 정도였다.

아이를 편안하게 하는 분위기 연출법

우리는 흔히 로맨틱한 분위기를 꾸밀 때 좋은 음식, 근사한 조명, 감미로운 음악, 향초 등을 떠올린다. 그런데 현실에서 얼마나 많은 부모가 아이를 위한 '장면 연출'에 신경을 쓸까? 조금만 관심을 기울이면 잠에서 깨어날 때, 잠들 때, 심부름할 때 등 상황에 맞는 완벽한 장면을 연출할 수 있다. 부모 자신과 아이를 위해서 말이다.

취침 시간을 예로 들어보자. 아이는 어떤 분위기에서 쉽게 잠이 드는가? 불을 환하게 켜두어야 할까? 물론 아니다. 취침용 조명을 켜든지 아니면 방의 불을 끄고 침대 옆 자그마한 등을 켜야 한다. 청각적인 효과를 더하려면 조용하면서도 부드러운 목소리로 약간 천천히 이야기한다. 자장가 같은 잔잔한 음악을 트는 것도 좋다. 부드럽게 어루만지거나, 자기 전에 목욕을 하면 효과가 있다. 잠옷, 양말, 이불, 말랑하고 부드러운 인형 등 잠이 잘 들게 하는 소품도 도움이 된다.

여기에 더하여 효과가 좋은 것이 바로 아로마 테라피이다. 바닐라 향이나 라벤더, 카모마일 등이 긴장을 푸는 데 좋다. 잠자리에서 읽을 만한 동화책이나 기도, 엄마가 불러주는 자장가도 도움이 된다. 따뜻한 우유나 시리얼을 약간 먹는 것도 효과적이다. 주위가 소란스러운데 아이가 조용히 잠들기를 바라는 것은 무리다. 차분한 주변 환경을 만들어주고 조용한 어조로 이야기하면 아이는 보다 자연스럽고 편안하게 잠자리에 들 수 있다.

이외에도 아이를 위한 다양한 분위기 연출법을 찾아보자. 잠에서 깨는 아침 시간은 어떨까? 아이가 기분 좋게 하루를 맞게 하려면 무엇이 필요할까? 창문 커튼 사이로 들어오는 부드러운 햇빛, 활기찬 음악, 신선한 오렌지 주스 등 관심을 갖고 찾아보면 얼마든지 있다.

아이는 부모의 반응에 따라 행동한다

아이들은 자신의 행동에 대한 어른의 판단을 살핀다. 흔한 예로 놀이터에서 놀던 아이가 넘어졌을 때를 떠올려보자. 넘어진 아이는 일어나 주위를 휘휘 둘러본다. 저쪽에서 한 어른이 놀란 얼굴로 다가와 묻는다.

"괜찮니?"

아이는 잠시 머뭇거린다. 그리고 생각한다.

'뭔가 나쁜 일이 일어났어. 내가 화를 내야 하나 봐!'

그러고 나서 곧 큰소리로 울기 시작한다.

필자는 아이가 크게 다친 경우가 아니라면 놀다가 넘어지더라도 곧바로 다가가지 않고 아이의 다음 행동을 지켜본다. 아이가 어른의 반응으로 아픈 정도를 가늠하지 않도록 말이다.

아주 어린 아이도 주위 어른들의 감정을 알아챈다. 부모가 만족스럽고 긍정적인 감정을 가지면 아이는 긴장하지 않는다. 안전하다고 느끼면 삶은 즐거운 법이다. 낙관주의는 학습을 통해서 습득하는 것이 아니라 몸으로 직접 느끼며 형성된다.

당신 자신이 어떤 성향을 지녔는지 스스로에게 물어보자. 만약 당신이 부정적인 환경에서 오랜 시간을 지내왔다면 낙관적인 태도를 적극적으로 배워 아이에게 전해주어야 한다. 일상에서 부딪치는 실패와 좌절을 다룰 때는 아이가 어두운 먹구름 뒤에 있는 무지개를 보게 해준다. 놀이터를 떠나야 하는 아이의 슬픈 감정을 인정하는 동시에 앞으로 만나게 될 긍정적인 결과에 대해서도 이야기해 준다.

"놀이터에서 더 놀고 싶은 마음은 알아. 대신 좋은 점도 있어. 일찍 가면 다음번엔 더 빨리 올 수 있고 더 재미있게 놀 수 있잖니."

어떤 상황에서라도 가장 좋은 면을 생각하도록 가르치고, 우울하거나 기분이 좋지 않을 땐 스스로를 위로할 수 있게 한다. 우울할 때 기분을 풀어주는 쉽고 간단한 노래를 가르쳐주는 것도 좋다.

균형 잡힌 하루가 균형 잡힌 아이를 만든다

일정을 세울 때는 아이에게 무엇이 필요한지를 살펴야 한다. 예를 들어, 오랫동안 차를 타고 할머니 댁에 가야 한다고 가정해 보자. 아이가 낮잠을 자지 못했거나, 배가 고프거나, 무언가 불만스러운 것이 있다면 분명 장거리를 가기에 적당한 때가 아니다. 최대한 아이의 일상을 방해하지 않도록 계획을 짜야 한다. 그렇다고 하루하루를 꽉 짜인 틀에 맞춰 살아야 한다는 것은 아니다. 아이의 일과는 무난하고 균형이 잡혀 있어야 한다.

아이의 하루는 식사 시간, 낮잠 시간, 특별한 활동을 하지 않고 쉬는 시간, 놀이 시간, 야외 놀이 시간 그리고 부모 품에 안기는 시간으로 이루어져야 한다.

일과 중 놀이 시간은 아이가 여러 가지 능력을 개발하는 기회이다. 야외에서 공놀이를 하면 대근육이 발달하고, 붓을 쥐고 그림을 그리면 소근육이 발달한다. 장난감을 모양별로 나누는 놀이 등은 추론화와 논리적 사고력을 키운다. 부모가 꼭 껴안아

줄 때마다 아이의 정서가 자란다. 자신의 곰인형에게 생명을 불어넣으면서 상상력을 키워나간다.

또한 가족이나 친구들과 함께 하는 단체생활 외에도 혼자 지내는 훈련도 하게 해준다. 이것은 스포츠 팀과 비슷하다. 선수들은 각자 개인기를 연습하고 나서 팀에 합류해서 다른 팀과 경기를 한다. 선수에게 혼자 연습하는 시간은 팀 훈련을 하거나 실제 경기를 하는 것만큼이나 중요하다. 아이도 마찬가지다. 자기 자신에 대해 알지 못하면서 가족 내에서의 자기 역할을 알 수 있을까? 아이에게도 혼자 놀고 생각할 수 있는 시간을 주어야 한다. 또한 가족의 일원이면서 개인이라는 것을 가르쳐야 한다.

일정대로 한 가지 활동을 마치고 자연스럽게 다른 활동을 하게 하려면 어떻게 해야 할까? 앞서 말했듯 유치원 교사들은 대개 아이들이 지금 하고 있는 활동을 마치고 다음 활동으로 넘어가도록 돕기 위해 간단한 노래를 부른다. 부모도 일상에서 같은 방법을 얼마든지 사용할 수 있다.

"얘들아, 이제 끝마칠 시간이야. 5분만 더 있다가 갈 거야."

"좋아, 정리 시작! 2분 있다가 출발할 거야."

"잘했어! 정리해 줘서 고마워. 이제 갈 시간이야."

이렇게 하면 다음에 할 일이 무엇인지 아이에게 미리 알리고 준비시킬 수 있다. 규칙적인 일과에 익숙해지면 아이는 다음 할 일에 대해 협상의 여지가 없다는 것을 깨닫는다. 아이들은 일관성 있고 체계적인 일상을 원한다는 것을 기억하자.

준비하는 부모는 아이를 울리지 않는다

아이를 키우면서 흔히 겪게 되는 몇 가지 상황이 있다. 필자는 꽤 비싼 대가를 치르고 나서야 이에 대비하는 법을 배웠다. 알고 보면 그리 어려운 일은 아니다. 조금만 신경 써서 준비하면 아이와 부모 모두 스트레스를 줄일 수 있다.

아이가 놀러온 친구와 장난감을 서로 가지고 놀겠다며 다툰다. 여러 아이가 놀러 오면 몇 군데에 자리를 마련해서 돌아가면서 놀 수 있게 준비한다. 그러면 한쪽에서 소꿉놀이를 하는 동안 다른 아이들은 블록으로 성을 쌓을 수 있다. 아이들이 모두 참여할 수 있는 만들기를 하는 것도 좋다. 밀가루 반죽과 쿠키 틀, 플라스틱 칼과 도마 등을 준비하면 한동안 재미있게 놀 수 있다. 여럿이 힘을 모아 한 가지 작품을 만드는 놀이도 아주 멋진 계획이다.

아이와 외출을 했는데 갑자기 날씨가 나빠지는 경우가 있다. 이를 대비해 필자는 평소 낡은 스웨터 한두 벌과 우산을 차 트렁크에 넣어두었다가 필요한 때 꺼내 쓴다. 장거리 이동으로 긴 시간을 차에 있어야 할 때는 평소 아이가 좋아하는 장난감을 챙겨두면 도움이 된다. 또 아이를 위한 간단한 요깃거리를 준비해 두면 길이 막혀 시간이 지체될 때 안심할 수 있다.

아이가 우울하거나 짜증을 낼 때 놀랍게도 일회용 반창고 하나면 거의 모든 것을 해결할 수 있다. 아이가 마음의 상처를 입었거나, 놀이터를 떠나서 슬퍼할 때 '마음을 치료'하며 붙여주면 쉽게 진정이 된다.

이제 시간을 내서 우리 아이를 편한하게 할 수 있는 목록을 만들자. 다가올 스트레스를 미연에 방지할 수 있다.

아이가 산만하고 짜증을 잘 낸다면

1. 긍정적으로 생각한다.

긍정적인 태도로 상황에 대처한다. 아이가 장거리 이동에 짜증을 낸다면 앞으로 보낼 즐거운 시간을 떠올리게 한다. 다정하고 부드럽게 아이를 다독인다.

2. 아이의 마음을 이해한다.

엄마는 아이의 일과를 꿰뚫고 있으므로 아이가 언제 가장 예민한지를 안다. 아이에게 왜 그 일을 그 시간에 해야 하는지 설명한다. 그래야 아이가 스트레스를 덜 받는다.

3. 필요한 것을 꼼꼼하게 준비한다.

아이에게 필요할 만한 것을 미리 생각해 챙긴다. 만에 하나를 위해 가방이나 차 안에 대체용품을 준비한다.

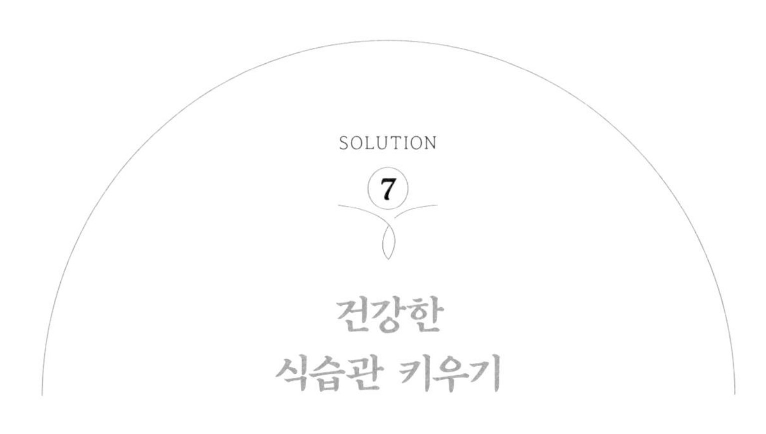

SOLUTION

7

건강한 식습관 키우기

어린아이를 키우는 부모가 많이 하는 고민 중 하나가 아이의 식습관이다. 밥을 너무 안 먹어서, 편식해서, 너무 느리게 먹어서, 너무 많이 먹어서 고민하는 부모가 많다. 또 아이를 잘 먹여야 한다는 건 알지만 엄마가 하루 세 끼 식사를 준비할 수 있을 만큼 시간적 여유가 없다 보면 제대로 된 음식을 먹이는 게 쉽지 않다. 뇌의 80퍼센트가 완성된다는 세 살까지는 먹는 음식이 중요하다. 이 시기 아이에게 음식과 영양에 대해서 가르치는 것은 건강한 식습관을 만들어주는 데 좋은 영향을 줄 수 있다.

건강한 음식만 카트에 담는다

아이와 먹는 것 때문에 벌이는 전쟁에서 벗어날 수 있는 가장 쉬운 방법은 아이가 먹지 않았으면 하는 음식은 아예 사지 않는 것이다. 아이가 아침으로 초콜릿을 먹지 않기를 바란다면 집에 초콜릿을 두지 않으면 된다. 식습관에서도 일관성이 중요하다. 아이가 단 음식, 인스턴트식품을 아침으로 먹지 않기를 바란다면 절대로 그런 것을 주어선 안 된다. 나쁜 습관과 마찬가지로 끊기 어려운 것은 아예 시작도 하지 않는 게 낫다.

아이가 아주 어리다면 아침으로 뭘 먹겠느냐고 굳이 물어보지 말자. 아이를 혼란스럽게 할뿐더러, 당황스런 대답을 할 수도 있다. 예를 들어, 도넛과 콜라를 달라고 하면 뭐라고 대답할 것인가? 대신 제한된 범위 내에서 선택하게 하는 것은 괜찮다. 아침에 계란을 먹이고 싶다면 이렇게 물어보자.

"삶은 계란을 먹을까, 계란 프라이를 먹을까?"

토스트를 해준다면 "토스트를 네모 모양으로 잘라줄까, 세모 모양으로 잘라줄까?"라고 묻고, 비타민이 듬뿍 든 과일을 먹이고 싶을 때는 "노란색 키위를 먹을까, 연두색 키위를 먹을까?" 라고 묻는다.

오늘 먹지 않는 것은 내일 다시 시도한다

입맛이 까다로운 아이가 되지 않게 하려면, 아이를 위해 따로 식사를 준비하는 습관은 애초부터 시작하지도 말자. 아이가 "나 그거 안 먹어"라고 말하면 엄마들은 전쟁을 피하려 뭔가 다른 음식을 주곤 한다. 이것은 올바른 방법이 아니다. 대신 아이가 좋아할 만한 음식을 두어 가지 준비하고, 그중에서 고르게 해야 한다. 만약 아이가 배가 고프지 않다고 한다면, 정말로 배가 고플 때를 위해 음식을 싸둔다.

입맛이 까다로운 아이는 천성적으로 타고나는 것이 아니다. 환경이 아이를 그렇게 만드는 것이다. 아이마다 특정한 색깔, 옷감, 맛을 싫어하게 되는 시기를 거친다. 그러나 십수 년간의 경험으로 보면 처음부터 시도해 보지 않았기 때문에 먹지 않는 경우가 많았다. 아이가 어제 사과잼을 좋아하지 않았다고 해서 앞으로도 좋아하지 않으리라는 법은 없다. 아이가 어떤 음식을 먹지 않겠다고 하면 잠깐 휴지기를 거친 다음 다시 줘보자. 아마 그 결과에 깜짝 놀랄 것이다.

필자는 스물여덟 살이 되어서야 생선을 먹기 시작했다. 지금은 생선을 무척 좋아해서 일주일에 적어도 두 번은 먹는다. 그 전까지 먹지 않았던 이유는, 우리 집에서는 생선을 먹지 않았기 때문이다. 밖에서 음식을 먹을 때도 필자에게 생선은 낯선 음식이었기에 굳이 먹으려 들지 않았다. 어쩌면 어렸을 때 한 번 먹어보고는 별로 좋아하지 않았던 때문인지도 모른다. 만약 아이가 생선구이를 먹으려 들지 않는다면, 다른 생선을 주든지 아니면 다른 요리법을 시도해 보자.

아이가 영양이 풍부한 음식을 맛있게 먹을 수 있도록 여러 방법으로 시도하는 것은 매우 가치 있는 일이다. 아이에게 다양한 종류의 음식을 맛볼 수 있게 해주자. 다양한 음식을 먹는다는 것은 새로운 경험일 뿐 아니라 식사 시간을 훨씬 즐겁게 만든다.

TIP! 평범한 요리를 특별하게 만드는 법

- 식용색소를 이용해 특별 요리를 만든다.
  분홍색 팬케이크, 초록색 달걀, 노란색 햄 등 식용색소 몇 방울이면 이 모든 것이 가능하다.
- 잘게 썰어 넣는다.
  아이들이 흔히 먹지 않으려 드는 당근이나 호박 등은 잘게 썰어 넣는다.

- 아이와 새로운 음식을 함께 맛본다.

  새로운 음식을 아이와 함께 먹어보자. 엄마와 함께라면 아이는 낯선 음식도 즐겁게 경험한다. 그리고 달라진 자신의 모습을 꽤 자랑스러워한다.

- 아이와 함께 새로운 이름을 지어준다.

  브로콜리는 '녹색 나무', 호박은 '설탕 감자'라고 불러보자. 이런 이름 연상법은 낯선 음식을 처음 먹을 때의 두려움을 자연스럽게 없애준다.

몸에 좋지 않은 음식은 과감하게 줄인다

아이가 자신이 먹을 것을 좌지우지하지 않게 해야 한다. 부모와 자녀 사이에 신뢰가 다져져 있다면, 엄마가 꼭 필요한 것을 준다는 걸 아이는 잘 알고 있다. 어린아이 손에 날카로운 나이프를 들려주지 않듯, 냉장고에도 마음대로 가게 해서는 안 된다. 아이에게 제 마음대로 냉장고나 찬장을 열게 한다는 건 아이가 언제 무엇을 먹든지 상관하지 않겠다는 것과 마찬가지다. 그 결과 엄마가 정성껏 몸에 좋은 식사를 차렸는데, 아이는 아침 내내 과자에 빠져 있느라 배가 고프지 않다고 하게 된다.

필자는 아이들에게 음식을 3가지로 구분하는 법을 알려주고, 음식에 대한 긍정적인 태도를 심어주었다. 적당하게 먹는다면 음식을 가리지 않아도 좋기 때문이다.

'매일 먹는 음식'은 원하는 만큼 많이 먹어도 되는 음식이다. 몸에 좋으며, 평소 많이 먹어야 하는 과일과 채소 등이 속한다. '특별 음식'은 특별한 때를 위해 아껴두는 음식으로, 생일 케이크 또는 휴일에 즐기는 아이스크림이나 탄산음료 등이 해당된다. '자주 먹는 음식'은 하루에 여러 번 즐겨도 좋은 음식이다. 고기, 치즈, 요구르트, 우유가 이에 해당한다.

아이는 식습관이든 행동이든 부모가 거는 기대에 따라 달라진다. 부모가 이끌어주면 아이는 분명 따라오기 마련이다. 일관성 있게 규칙을 지키되 아주, 아주 특별한 경우에는 융통성을 발휘할 줄 알아야 한다. 아이에게 부모가 독단적이지 않은 너그러운 '대장'이라는 것을 보여줄 수 있기 때문이다. 그럼 아이는 자신을 위해 만든 규칙이란 것을 알게 되고, 부모의 결정에 대한 신뢰가 있기에 자제심을 발휘할 수 있게 된다.

우리의 궁극적인 목표는 능동적인 아이로 성장하도록 가르치는 것이다. 그러나 지금은 미래에 맛볼 더 큰 기쁨과 보상을 위해 부모의 권위와 규칙에 따르도록 가르쳐야 한다.

아이의 식습관을 고치려면

1. 준비할 수 있는 음식 중에서만 선택하게 한다.

2. 아이의 무리한 요구는 절대로 들어주지 않는다.

3. 아이에게 애정 넘치는 따뜻한 말을 건넨다.

4. 좋은 선택을 했다고 칭찬한다.

5. 아이와 협상하지 않는다.

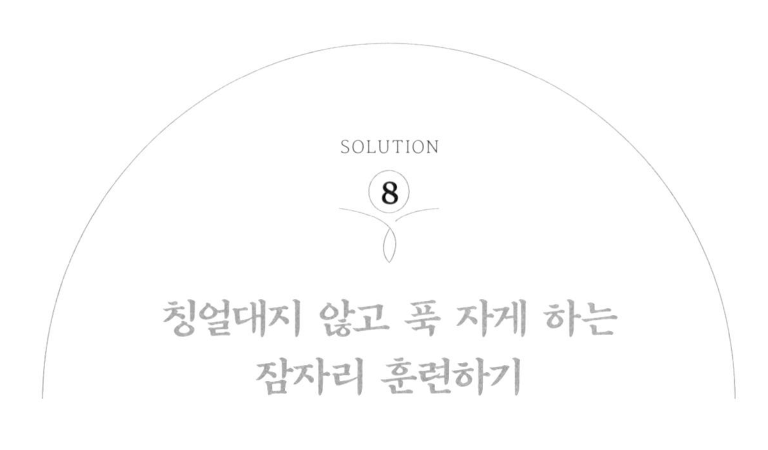

SOLUTION 8

칭얼대지 않고 푹 자게 하는 잠자리 훈련하기

갓난아기 때부터 가장 큰 어려움은 잘 재우는 것이다. 그리고 이제 적응이 되었나 싶으면 어느새 잠자리 독립할 시기가 다가온다. 아이를 방에 혼자 재울 때가 되면 여러 가지 난관에 부딪치게 된다. 하지만 미리 걱정하지는 말자. 충분히 극복할 수 있다. 이 변화를 무난하게 넘기기 위해서 가장 먼저 아이에게 자신의 새로운 침대를 선택하게 한다. 아울러 좋아하는 이불을 새 침대에 깔아주는 등 아이에게 친근하고 편안한 환경을 만들어 주어야 한다.

처음 훈련이 중요하다

가장 먼저 알려줄 한 가지 비밀은, 아이가 한밤중에 침대에서 나올 수도 있다는 것을 모르면 침대에서 나오지 않는다는 점이다. 이상한 소리처럼 들릴 테지만, 틀림없는 사실이다. 밤에 있어야 할 곳은 침대라는 걸 확실하게 새겨주면 아이는 밖으로 나오지 않는다. 단, 이것은 아이가 침대에서 빠져나오려고 맨 처음 시도할 때 분명하게 알려주어야 효과가 있다.

"잠을 자는 시간에는 침대에 있어야 한단다. 아주 급한 일이 아니라면 침대 밖으로 나오지 않는 거야."

그리고 '아주 급한 일'에 유아용 변기에 소변을 보는 일과 화재를 포함시킨다. 언쟁을 하거나, 협상을 하거나, 아이에게 잔소리를 할 필요는 없다. 다만, 분명하고 감정적이지 않게 말한다.

잠자리 훈련을 시키는 첫날, 침대 근처에 앉아 아이의 등을 문질러주고 잠자는 곳이란 걸 확인시켜 준다. 다음 날, 조금 떨어져서 속삭이듯 아이에게 다시 한 번 이야기한다. 그리고 그 다음 날엔 좀 더 멀리 떨어져 있는다. 말은 필요 없다. 당신이 거기 있다는 것만 알려주면 된다. 매일 밤 그렇게 아이와 거리를 두다가, 마침내 문밖으로 나가 문을 닫는다. 아이는 당황해 하며 잠시 울 수도 있다. 하지만 아이가 아파서 우는 게 아니라면 이 방식에 확신을 가져도 좋다. 아이는 곧 편안하게 잠들 것이다.

아이는 부모가 바라는 기대를 먹고 산다. 아이가 침대에서 나오기를 바란다면 아이는 그렇게 한다. 반대로 거기 그대로 있기를 바란다면 그렇게 할 것이다.

잠자리에 들기까지의 일과를 정한다

"얘기 하나만 더 해줘요!"

"물 마시고 싶어요!"

"한 번만 더 안아줘요!"

취침 시간의 끝없는 실랑이에서 헤어 나오려면 어떻게 해야 할까? 우선 침실은 잠을 자기 위해 있는 곳이라는 생각을 분명하게 심어준다. 침실에서 아이와 놀아주어선 안 된다. 벌을 주지도 말고, 잠자는 것 외에 다른 일은 일체 하지 않는다. 이렇게 하면 아이는 침실과 취침 시간의 관계를 명확하게 깨닫는다.

조금만 아이디어를 내면 작은 집이나 아파트에서도 얼마든지 이 방법을 사용할 수 있다. 방 한쪽에 카펫이나 러그 등을 깔아 '놀이 구역'을 표시한다. 아니면 가구를 이용해 공간을 나누어도 좋다. 침실은 노는 곳이 아니라 잠자는 곳이라는 인식을 심어주기 위해서다.

그리고 잠들기 전까지 해야 할 일을 순서대로 정한다. 예를 들면, '6시에 저녁을 먹고 샤워를 한다. 이어 잠옷으로 갈아입고 그날 입었던 옷을 빨래함에 넣는다. 그다음 부엌으로 가서 물을 한 컵 마시고 나서 이를 닦는다'는 식으로 순서를 정하면 된다.

아이의 나이에 맞는 30분짜리 동영상을 보거나 아이가 직접 고른 책을 읽게 하는 등의 '보상'에 대한 기대가 있으면 샤워나 이 닦기, 잠옷 갈아입기 등으로 아이와 씨름을 하지 않아도 된다. 일단 깨끗이 씻고 잠옷을 입은 다음엔 뭔가 재미있는 것을 할 수 있다는 것을 알기 때문이다. 가능하면 마음을 가라앉히는 책이나 자극적이지 않은 동영상 등을 고르면 좋다.

마지막으로 화장실에 들렀다가 정해진 시간에 침대로 데려간다. 이불을 덮어주고 아이를 안아주며 입을 맞춘 다음 이렇게 말한다.

"불이 나거나 화장실을 갈 때 빼고는 침대에서 나오지 마."

그러고 나서 사랑한다고 다시 한 번 말한 후 불을 끄고 문을 조금 열어둔 채 나온다.

일관성의 힘을 절대 과소평가하지 말자. 아이에게 안정감과 편안한 잠자리, 평생을 함께할 따뜻한 기억을 주는 일련의 과정을 절대 무시해선 안 된다.

어둠과 친해지면 잠자리가 편안해진다

아이들이 잠자리에 드는 걸 어려워하는 것은 부모가 어렵게 잠을 재웠기 때문인 경우가 많다. 부모는 지레 아이들이 겁먹을 것이라고 걱정하여 미리 무서워하지 말라고 다독인다. 하지만 무서워할 만한 것이 있는지 생각해 보자. 아무것도 없다!

개중엔 어둠을 무서워하는 아이가 있다. 여러 이유가 있겠지만, 대개는 어둠에 대한 두려움을 무의식적으로 배운 때문이다. 아마도 엄마나 아빠가 어렸을 때 어둠을 두려워했는지도 모른다. 아이가 어둠을 무서워할까 봐 부모는 방을 밝게 해둔다. 하지만 어둠과 잠을 자연스럽게 연결시켜 준다면 어둠 속에서도 아이는 얼마든지 편안해 한다. 불을 끄고 어두워도 안전하다는 것을 아이에게 알려주자.

"놀 때는 밝은 빛이 필요한 것처럼, 잘 때는 어둠이 필요해."

어두운 방에서도 잘 잘 수 있게 하는 또 다른 방법은 취침용 조명을 사용하는 것이다. 주의할 것은 스탠드가 아니라, 은근하게 비추는 작은 취침용 조명이어야 한다. 차분한 분위기를 더하기 위해 꼬마전구를 사용하면 좋다. 밝기를 조절할 수 있는 조명을 사용해서 하루하루 밝기를 줄이다가 마침내 아예 끄거나 아주 희미하게 하는 것도 좋다. 마지막 날엔 확신에 찬 목소리로 아이에게 말하자.

"이제 다 컸으니까 불을 꺼야지."

불을 완전히 끄기까지의 과정을 아이와의 특별한 기념행사로 만들어 놀이처럼 할 수도 있다.

"이번 주엔 아주 특별한 일을 할 거야. 매일 밤 불빛을 조금씩 어둡게 해서 일곱째 날 불을 완전히 끌 수 있게 되면, 넌 드디어 어른이 되는 거야. 깜깜한 데서 혼자 잤으니까 말이야! 마지막 날 밤, 가족 모두 와서 잘 자라고 축하해 줄게."

그러고 나서 동물 인형이라든지 새 잠옷 등 잠잘 때 필요한 용품을 선물한다.

만약 아이가 여전히 어둠을 두려워한다면 건전지를 넣어 사용하는 작은 손전등을 준비한다. 그리고 불빛이 점점 흐려지는 특별한 손전등이라고 말해준다. 결국 손전등의 건전지가 수명이 다할 때쯤이면 아이는 혼자 어둠 속에서 잠을 잘 마음의 준비를 하게 될 것이다. 그리고 아이가 이런 시도를 잘 받아들이면 칭찬을 해준다.

아이들은 흔히 침대 밑이나 옷장에서 괴물이 나온다며 무섭다고 한다. 밤이 되면 찾아온다고 아이들이 믿는 괴물과 상상 속 친구들을 다루는 2가지 방법이 있다. 아이들의 두려움을 무시하거나, 두려움을 인정해 주는 것이다. 나는 이 2가지 방법을 모두 시도해 보았다. 둘 다 효과가 있었다. 그리고 둘 다 장단점이 있었다.

상상 속 괴물을 무시하는 경우는 "괴물 같은 것은 없다"고 말해준다. 그리고 "네가 한 살 때 괴물이 온 적은 없어. 세 살 때도 오지 않았고. 네가 여섯 살이 되어서도 오지 않을 거야. 왜냐하면 괴물은 진짜가 아니니까"라고 덧붙인다.

이 방식은 아이가 부모를 믿고, 부모에게 의지한다는 장점이 있다. 또한 진짜 공포와 상상 속 공포의 차이를 깨닫는다. 반면 자칫 두려운 마음을 갖는 것이 나쁘다는 생각을 심어줄 수 있다는 단점이 있다. 그렇게 생각하지 않도록 아이에게 확실하고 분명하게 말해주어야 한다.

"얘야, 무서워해도 괜찮아. 엄마도 아빠도 무서워하는 것들이 있거든. 하지만 진짜가 아닌데 겁먹을 필요는 없어. 괴물은 진짜가 아니거든."

부모가 노력했음에도 아이가 여전히 방 안에 괴물이 있다고 확신한다면 앞서 얘기한 방식은 소용이 없다. 이럴 땐 아이의 생각을 따라 상상 속 괴물을 쫓도록 돕는 것이 더 쉬울 수 있다. 분무기에 물을 채워 '괴물 퇴치 스프레이'라고 이름을 붙이고 잠자리에 들기 전에 구석구석 뿌리게 한다. 그러면 아이는 이 '괴물 퇴치 스프레이' 덕분에 괴물이 사라진다고 믿는다.

이 방식의 장점은 아이가 편안한 마음으로 쉽게 잠자리에 들고, 또 자신이 괴물을 쫓아냈다는 뿌듯한 느낌을 갖게 하는 것이다. 그에 반해 괴물을 '물리쳐야' 할 대상으로 생각하게 하여, 결국 괴물이 존재한다는 것을 확신하게 한다. 이런 단점을 줄이기 위해 이렇게 말한다.

"그래, 얘야. 엄마가 괴물은 없다고 말했지? 맞아, 괴물이 없다는 건 사실이야. 괴물은 우리가 상상하는 것일 뿐이야. 하지만 네 방에 괴물이 있다고 하더라도, 이 '가짜 괴물' 퇴치 스프레이를 쓰면 방에서 쫓아버릴 수 있어. 그러면 끝나는 거야!"

아이를 따로 재워야 한다는 생각에 더 엄격해지는 경우가 있는데, 아이가 불안해 할수록 부모로부터 사랑받고 있다고 느끼게 하는 것이 중요하다. 그리고 일관성 있게 행동해야 한다.

TIP! 아이가 아침까지 푹 자게 하는 법

- 집 안을 지나치게 조용하게 하지 않는다.

  아이를 잠자리에 눕힌 다음 많은 부모는 까치발로 걷는다든가 소곤거리며 이야기한다. 이것은 효과적이지 않을 뿐만 아니라, 앞으로 아이가 아주 조용할 때만 잠을 잘 수 있게 만든다. 아이가 자고 있더라도 평상시처럼 말하자. 아이가 일상 속에서도 편안하게 잘 수 있도록 버릇을 들이자.

- 아이 방에 들어가지 않는다.

  아이가 선잠을 잔다면 부모가 살펴보러 갔을 때 잠이 깰 수 있다. 정 들여다보고 싶다면 아이 방에 카메라를 달고 거실 텔레비전이나 pc에 연결한다.

- 백색소음 발생기를 사용한다.

  백색소음 발생기는 주변의 소음을 덮어주는 역할을 해서 아이가 편안하게 잠들도록 해준다.

잠을 잘 재우기 위해 낮잠을 재운다

많은 부모가 아이가 낮잠을 자면 밤에 제대로 자지 않는다고 생각한다. 오랜 경험에 따르면 그건 절대 사실이 아니다. 오히려 그 반대가 맞다. 너무 지친 아이들은 되려 푹 잠들지 못한다.

일반적으로 신생아는 깨어 있는 시간보다 자는 시간이 더 많다. 평균적으로 아이는 하루에 16시간 내지 20시간 정도 잠을 잔다. 3개월 정도 되면 밤에 평균적으로 10시간, 낮에 5시간 정도 잠을 잔다. 그리고 '밤잠'을 자는 10시간 동안 보통 서너 번씩 깨어 엄마를 찾는다. 6개월에서 12개월 된 아이는 보통 낮에 3시간 정도 잠을 자고, 약 11시간 동안 밤잠을 잔다.

아이마다 차이가 있지만 대개 한 살에서 세 살 사이엔 낮잠이 점점 줄어든다. 필자는 아이가 원하는 만큼 낮잠을 자게 하는 것이 좋다고 생각한다. 그렇게 하더라도 자연스럽게 낮잠은 두 번에서 한 번으로, 보통 3시간에서 1시간 반으로 줄어든다. 그리고 밤에는 9시간 내지 10시간 동안 푹 잠을 잔다.

여섯 살 이상의 아이들과는 놀다 지쳐 잠에 취해 거실 바닥에 쓰러질 때를 제외하고 함께 낮잠 자는 것을 포기해야 한다. 이 나이에는 10시간 내지 12시간을 밤에 푹 자야 한다.

낮잠을 재우는 것조차 스트레스가 된다면 몇 가지 비결이 있다. 우선 낮잠 시간을 일관성 있게 지킨다. 아이의 생물학적 시계는 부모가 정해놓은 시간에 맞춰진다. 아이는 그 시간이 되면 자연스레 졸릴 것이다. 그러면 아이의 낮잠 시간에 따라 일과를 계획할 수 있다.

꼭 침대에서 재울 필요는 없다. 외출할 때엔 유모차나 차에서 낮잠을 자게 하면 된다. 아이의 낮잠이 부모의 생활을 좌우하게 만들지 말자.

또 낮잠 자는 아이를 억지로 깨우지 않는다. 아이가 자고 있다면 그건 잠이 필요하기 때문이다. 한창 자라느라 그럴 수도 있고, 감기와 싸우느라 힘들어서일 수도 있다. 어쩌면 너무 지쳐서일 수도 있다. 얼마든지 자게 내버려두자. 급한 일이 아니라면 자는 아이를 깨워선 안 된다. 대신 아이가 낮잠을 잘 것인지 말 것인지 선택할 수 있다는 인상을 심어주지 말자. 아이가 잠이 오지 않는다고 하면 "그래?"라고 일단 인정해 주고, 대신 "쉬는 시간"이라고 말하고 침대에 앉힌다. 그러면 아이는 곧 잠에 곯아떨어질 것이다.

위에서 말한 것들을 모두 해본 후에도 여전히 아이가 밤에 잠을 잘 자지 못한다면 소아과 의사와 상담을 하고, 책이나 인터넷으로 도움이 될 만한 정보를 찾아보자. 호흡곤란 같은 신체적인 문제가 있어 잠을 자는 데 방해가 된다면 수면 전문가를 찾아가 보자. 자, 이제 모두에게 행복한 낮잠이 되길, 그리고 달콤한 밤이 되기를!

기분 좋게 잠자리에 들게 하려면

1. 취침 순서를 정한다.

해야 할 일의 순서를 정해놓으면, 아이는 다음에 무엇을 할지 스스로 준비한다.

2. 취침 순서를 꾸준하게 지킨다.

저녁을 먹고 난 다음, 화장실에 가서 일을 보고 이를 닦는 등 아이는 다음 할 일이 무엇인지 알면 안정감을 느낀다. 기본적인 일들을 잠자리에 들기 전에 해결한다.

3. 취침 시간을 지킨다.

아이에게 일정 시각에 침대에 가야 한다고 가르친다.

4. 아이의 나이에 맞는 선택권을 준다.

텔레비전을 끄게 하거나, 책을 고르게 하거나, 칫솔 색깔을 고르게 하는 등 나이에 맞는 선택권을 주어 아이가 직접 참여한다고 느끼게 한다.

5. 잘했을 때는 칭찬해 준다.

"도와줘서 고마워. 네가 할 일을 잘해줘서 고마워"라고 칭찬한다.

6. 특별한 취침 시간을 만든다.

아이가 침대에 누워서만 할 수 있는 일을 계획한다. 엄마나 아빠와 함께 오늘 하루 감사했던 일을 이야기하거나, 누워 있는 동안만 껴안는 소중한 곰인형 등 취침 시간을 즐겁게 하는 물건 등을 주는 것도 좋다.

7. 말과 행동으로 사랑을 보여준다.

입맞춤, 다독임, 포옹은 취침 시간을 여는 멋진 신호다.

8. 잠자기 전 마지막으로 "사랑해"라고 말해준다.

필자는 아이들을 재울 때마다 "사랑한다, 얘들아"라고 말한다. 잠자리 인사로 그보다 나은 말이 있을까.

SOLUTION 9

고무젖꼭지 떼기

아이에게 고무젖꼭지를 물리는 것이 좋은지, 그렇지 않은지 정답은 없다. 정답이 있다면 이 논쟁은 오래전에 끝났을 것이다. 고무젖꼭지는 수세기 동안 이어져 왔다. '입에 은수저를 물고 태어났다'는 말은 아이가 태어난 후 곧바로 부모들이 아이의 입에 은으로 된 '수저'를 젖꼭지처럼 물렸을 때부터 전해져 내려오는 말이라고 한다.

고무젖꼭지 사용 여부는 결국 양육자인 부모의 몫이다. 이 장에서의 정보를 바탕으로 부모와 아이를 위해 무엇이 올바른지 결정을 내릴 수 있다. 물론 고무젖꼭지 논쟁에 대한 중립 지대도 있다. 둘 중 하나를 선택해 활용해 보다 나중에 규칙을 바꿀 수도 있다. 적당한 때, 올바른 태도로 접근하면 아무 상관없다.

고무젖꼭지 찬성론

아이가 무언가를 입에 넣고 빨려고 하는 것은 타고난 천성이다. 초음파를 통해서도 엄마의 자궁 속에서 엄지손가락을 기분 좋게 입에 넣고 있는 모습을 확인할 수 있다. 이 모습만 봐도 아이는 음식을 먹기 위해서뿐만 아니라 심리적 위안을 얻기 위해 손가락을 빤다는 것을 알 수 있다. 세상에 태어나기도 전부터 말이다!

무언가를 먹기 위해서가 아닌 빨기가 정점에 이르는 시기는 생후 2개월부터 4개월 사이다. 이때 아이의 얼굴 근육이 발달한다. 그리고 빠는 것은 아주 친밀하며, 위안과 편안함을 준다.

아이를 진정시키기 위해 고무젖꼭지를 사용하면 바쁜 부모에게는 아주 유용하다. 또한 빨고자 하는 아이의 자연스런 욕구를 충족시키는 데 도움이 된다. 고무젖꼭지를 사용하면 아이가 배가 고픈지, 또는 뭔가 필요한지 아는 데도 도움이 된다. 피곤에 지쳐 있거나 짜증을 내는 아이의 수면을 도와주는 수단으로도 이용할 수 있다. 아이에게 젖을 주거나 분유를 준비하는 사이, 아이를 혼자 둬야 할 때도 고무젖꼭지는 편리하다.

고무젖꼭지 반대론

고무젖꼭지 사용을 반대하는 사람들은 때때로 부모가 너무 빨리 아이의 욕구를 억압하게 된다고 말한다. 아이가 왜 난리법석을 부리는지 그 이유를 알아보려 하지 않는다는 것이다. 고무젖꼭지는 또한 사람이 달래주는 것의 대체품이 될 수 있다. 아이에게 진짜로 필요한 것에 재빠르게 관심을 기울이지 못할 수도 있다. 게다가 특히 갓난아이에게는 아주 중요한 것인데, 고무젖꼭지를 아이에게 물려주기 전 안전하게 살균 소독해야 한다.

일반적으로 엄마 젖을 먹는 아이에 비해 분유를 먹는 아이에게 고무젖꼭지를 물리기가 훨씬 쉽다. 젖병 꼭지가 고무젖꼭지와 비슷하게 생겼기 때문이다. 그런데 고무젖꼭지와 엄마 가슴을 교대로 빨게 되면 '젖꼭지 혼란'이 일어날 수 있다. 엄마 가슴에서 젖을 먹기 위해 빠는 것과 고무젖꼭지를 빠는 것은 다르다. 이런 이유로 대부분의 전문가들은 엄마 젖을 먹는 아이의 경우, 먼저 엄마 가슴에 친숙해지기 전까지는 고무젖꼭지 사용을 미루라고 한다. 또한 영양 공급을 위한 것이 아닌 빨기는 엄마의 모유 공급을 방해하고, 신생아의 성장에 방해가 될 수도 있다.

여러 가지 연구를 통해 모유를 먹는 아이에게 고무젖꼭지를 물렸더니 고무젖꼭지를 물리지 않은 아이에 비해 훨씬 일찍 젖을 떼는 것을 확인했다. 의학 잡지인 『소아학Pediatrics』에 실린 한 연구 보고서에 의하면, 아이가 태어나고 첫 6주 동안 고무젖꼭지를 사용하는 엄마들의 경우 아이가 젖을 일찍 뗀다고 한다. 이것은 엄마에게 유리할 수도, 그렇지 않을 수도 있다. 가능하다면 아이가 6개월 동안 모유를 먹을 것을 권장하고 있다.

조금 자란 아기와 유아 또한 안정감을 얻으려 고무젖꼭지에 의존하는 경우가 있다. 부모를 찾거나 다양한 방식을 통해 스스로 마음의 위안을 찾으려 하기보다는 고무젖꼭지를 사용하려고 한다.

아이가 고무젖꼭지를 물고 잠자는 버릇을 들인다면 특히 문제가 된다. 만약 고무젖꼭지가 입에서 빠지면 어떻게 될까? 아이는 일찍 잠에서 깰 것이다! 만약 아이에게 고무젖꼭지가 안정감을 얻기 위한 유일한 수단이라면 부모는 자주 자다가 일어나 다시 고무젖꼭지를 입에 물려주어야만 한다. 그게 번거롭다고 아이 옷에 달린 고무젖꼭지를 물리기도 하는데, 절대 해서는 안 된다! 옷에 매달아 놓은 끈에 아이의 목이 감길 수 있는 위험이 있기 때문이다. 또한 아이의 자그마한 손가락이 끈에 걸릴 수도 있다.

좀 자란 유아의 경우 고무젖꼭지 때문에 다른 아이들로부터 놀림을 받을 수도 있다. 민감한 아이라면 감정을 크게 다친다. 따라서 이 시기에는 고무젖꼭지를 달라고 조를 때 고무젖꼭지 사용을 제한하는 게 좋다. 예를 들면, 낮잠 시간이나 집에서만 고무젖꼭지를 허용하는 것이다.

고무젖꼭지를 사용하는 것은 또한 중이염의 위험을 높이기도 한다. 고무젖꼭지 사용이 네 살 이상까지도 지속된다면 치과적인 문제를 일으킬 수 있다. 영구치가 잘 나지 않는다. 또한 고무젖꼭지 빨기에 연관된 미숙한 빨기 유형에서 말하기에 필요한 혀 운동으로 혀와 입 근육이 전환되는 것이 늦어지면 문제가 될 수 있다. 그 결과 발음이 부정확해지고, 음식을 제대로 삼키지 못하게 된다.

고무젖꼭지 vs. 엄지손가락

고무젖꼭지 빠는 습관을 없애기는 엄지손가락 빠는 습관을 없애는 것보다 훨씬 수월하다. 분명한 이유가 있다. 고무젖꼭지는 안 보이게 감추어버리면 그만이지만, 아이의 엄지손가락을 없앨 수는 없기 때문이다. 어떤 아이는 고무젖꼭지를 떼게 되면 잠들기 전 또는 스트레스를 받는 상황에서 손이나 엄지손가락을 빨기 시작한다. 이 습관은 그냥 그러다가 끝나는 게 보통이다.

고무젖꼭지 빠는 습관 물리치기

입으로 하는 습관은 고치기가 아주 힘들다. 조금 자란 유아의 경우 고무젖꼭지를 빠는 것은 하나의 습관이 된다. 생후 4개월 후, 음식 섭취가 아닌 구강 사용에 대한 충동은 자연스레 감소한다. 아이는 이제 언어를 사용해 음식에 대한 욕구를 표현한다. 젖병이나 엄마 젖을 빨거나, 딱딱한 음식을 먹거나, 심지어 '홀짝홀짝' 컵으로 마시는 따위의 행동으로 전환된다. 따라서 생후 6개월이 되면 고무젖꼭지는 아기용 침대에 있을 때만 사용하도록 제한하는 것이 좋다. 생후 9개월 정도가 지나면 고무젖꼭지 떼기가 더 어려워지기 때문이다. 아이의 의지는 더 강해지고, 더 강하게 저항하게 될 테니까. 아이가 자라면 자랄수록 부모는 더 많은 저항에 부딪히게 된다.

유아의 경우 고무젖꼭지를 언제, 어디에서 사용할지 제한을 두는 것이 좋다. 예를 들어, 밤에 잠자리에 들기 바로 전, 또는 자동차 시트에 앉아 있는 동안만으로 제한하는 것이다. 일관성이 있어야 한다. 지금 일어나고 있는 일을 감지하면 아이는 보다 점진적인 변화에 익숙해진다.

또한 입과 이의 용도에 대해 아이에게 각인시킬 수가 있다. 이를 정기적으로 닦게 하는 등 입의 위생에 신경 쓰면 입으로 하는 긍정적인 활동에 대한 적절한 선택을 제공해 줄 수 있다. 긍정적인 행동을 보이면 자주 칭찬해 주어도 좋다. 아이의 마음이 고무젖꼭지에서 벗어나 부모의 긍정적인 관심을 받는 다른 행동을 하게 해주어야 한다.

고무젖꼭지를 떼는 3가지 방법

첫째, '물물거래' 방법이다.

이 방법은 일반적으로 윈윈 상황을 낳는다. 우선 고무젖꼭지를 그만 빨아야 하는 필요성을 아이와 함께 이야기하는 것으로 시작한다.

"매튜야, 어제 한 이야기 기억하지? 오늘이 바로 우리가 고무젖꼭지랑 작별할 시간이야!"

"엄마, 싫어, 싫단 말이야!"

"네가 좋아하는 것과 작별한다는 게 힘들다는 건 엄마도 잘 안다. 하지만 기억해. 너도 이제 충분히 컸어. 큰 아이는 고무젖꼭지를 뭔가 더 특별한 것과 바꾸어야 해."

"하지만 난 고무젖꼭지가 좋아!"

"그래, 네가 고무젖꼭지를 좋아한다는 건 엄마도 알아. 하지만 네가 보면 좋아할 만한 걸 엄마가 갖고 있는데."

"그게 뭔데?"

아이는 기대감에 눈을 동그랗게 뜨고 물어본다.

"우리 집에서는 말이야, 고무젖꼭지를 다른 물건과 바꿀 때 장난감 가게에 가서 장난감 하나를 고르게 해. 장난감 가게에서 가장 마음에 드는 것으로 말이야!"

"정말?"

"그럼 정말이고말고! 오늘 장난감 가게에 갈 거야. 그리고 오늘 밤에는 너를 위해 아주 멋진 파티를 열 거란다."

시기가 적절하다면 아이가 이제 컸다는 것을 알리는 큰 침대 같은 물건을 마련하는 것으로 고무젖꼭지 떼기 의식을 치러도 좋다. 여기서도 물론, 객관적인 태도가 도움을 준다. 고무젖꼭지를 떼는 것은 아이의 발달단계에서 아주 자연스럽게 일어나는 일에 불과하니까.

둘째, '고무젖꼭지 장례식' 방법이다.

말 그대로 고무젖꼭지를 아이만의 방식으로 치우는 의식을 치르는 것이다. 어쩌면 아이는 바다나 호수에 고무젖꼭지를 던져버리고 싶어 할지도 모른다. 아니면 뒷마당에 묻어줄 수도 있다. 또는 고무젖꼭지가 필요한 다른 아이에게 줄 수도 있다(이 경우는 비슷하게 생긴 새 고무젖꼭지를 구해 아이가 보지 않는 곳에서 재빨리 바꿀 준비를 한다). 이 방법의 장점은 아이가 하고 싶은 대로 할 수 있게 결정권을 주는 것이다. 이렇게 하면 통과의례에서 자신이 적극적인 역할을 하고 있다는 느낌을 가진다.

셋째, '끊어버리기' 방법이다.

여러 가지 방법을 모두 써봤지만 실패했을 경우, 이 방법도 요긴할 수 있다. 한 번에 확 바꾸어버리는 것을 더 잘할 수도 있다. 되돌아갈 방법이 없을 때 새로운 상황을 보다 잘 받아들이려 할 때도 있기 때문이다. 긍정적이고 자신 있는 태도로 이 방법을 시작하면, 그리고 이 방법이 아이의 성향에 맞는 것처럼 보인다면 효과를 발휘할 것이다. 하지만 아이를 너무 몰아세우다 보면 실패할 수도 있다.

"네가 애기니?"

또는 이런 위협을 가하는 것이다.

"우는 소리 하지 마! 계속 그러면 내다 버릴 거다."

이것은 적절하지 못한 방법이다. 이렇게 하면 어느 누구도 승자가 될 수 없는 힘겨루기밖에 되지 않는다.

전문가들의 조언

미국 소아치과학회에 따르면 아기와 유아에게 빨기는 지극히 정상적인 행동이라고 한다. 또한 대부분의 아이들은 두 살에서 네 살 사이에 저절로 빠는 것을 그만두기 때문에, 빠는 습관이 치아나 턱에 영구적인 해를 입히지는 않는다고 한다. 하지만 손가락이나 고무젖꼭지를 반복적으로 빤다면 아기의 위쪽 앞니가 입술 쪽으로 기울어서 나는 위험이 증가하게 된다. 치아에 반복적으로 압력을 주기 때문이다. 또한 영구치가 나오기 전까지는 아이의 빠는 습관을 지나치게 걱정하지 않아도 된다고 말한다. 그리고 엄지손가락을 빠는 것과 고무젖꼭지를 빠는 것은 치아에 똑같은 영향을 주지만 고무젖꼭지를 떼기가 훨씬 쉽다고 한다.

소아치과학회의 연구 조사가 고무젖꼭지를 써도 안전하다고 하지만, 핀란드에서 최근에 발표된 연구 결과에 의하면, 두 살 미만의 아이에게 고무젖꼭지 사용은 귀 질환 감염률의 증가를 불러온다고 한다. 평균적으로 3.6회에서 5.4회로 증가한다. 그리고 두 살부터 네 살 사이의 아이에게 고무젖꼭지 사용은 1년에 1.9회에서 2.7회로 귀 질환 감염이 증가한다고 한다. 아마 고무젖꼭지를 빠는 움직임이 유스타키오관의 정상적인 기능을 방해하거나(유스타키오관은 보통 중이가 청결하게 열려 있도록 도와준다), 특히 고무젖꼭지가 세균 감염 확산의 역할을 하기 때문인 듯하다. 이 때문에 핀란드의 연구자들은 고무젖꼭지는 생후 10개월 이내까지만 사용할 것을 권한다. 이때는 빨고자 하는 욕구가 가장 강하고, 귀 질환 감염이 상대적으로 덜 일어나는 시기이기 때문이다.

당신이 부모로서 직면하게 되는 수많은 선택과 마찬가지로, 고무젖꼭지 논쟁에서 무엇이 옳고 그른지 정답은 없다. 여기서는 몇 가지 정보만 알려줄 뿐이다. 양육자로서 당신의 본능과 아이의 특성에 맞추어 적절하게 섞어 사용할 수 있을 텐데, 어떤 방식을 택하든 이것 하나는 확실하게 이야기하겠다. 아이가 고무젖꼭지에 집착하는 게 걱정되어 정신과를 찾아가는 것은 올바른 방법이 아니다.

고무젖꼭지를 빠는 습관을 떨쳐버릴 수 있으려면

1. 아이는 마음의 준비가 되어 있고, 기대 또한 갖고 있다.

   부모가 계획을 세우고, 그 계획을 실천하면 된다.

2. 부모의 긍정적이고 확신에 찬 태도가 긍정적이고 확신에 찬 아이를 만든다.

   뿌린 대로 거두는 법이니까.

3. 하나의 통과의례로서 이정표를 바라본다.

   고무젖꼭지 떼기는 성장의 한 과정이다.

4. 아이는 스스로 고무젖꼭지를 건네주지 않는다.

   부모가 계획을 세우고 받아내야 한다.

5. 부모가 팀을 이뤄 함께 해나가야 한다.

변화를 꾀할 때는 부모가 팀을 이뤄 해야 한다. 함께 힘을 합쳐라.

6. 빠져나갈 구멍을 만들어준다.

고무젖꼭지를 뗄 때 아이가 뭔가 관심을 갖고 좋아할 것을 대신 주도록 한다.

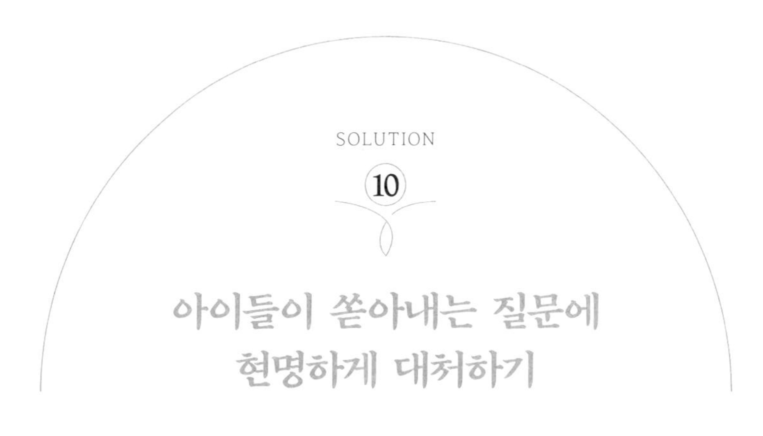

SOLUTION 10

아이들이 쏟아내는 질문에 현명하게 대처하기

아이들의 질문 공세는 부모를 곤혹스럽게 한다. 반면 아이들은 부모가 모든 질문에 대한 답을 갖고 있다고 생각한다.

"왜 갑자기 먹구름이 몰려와요?"

"바다에는 별을 몇 개나 담글 수 있어요?"

아이들의 끝 모를 호기심은 놀랍다. 부모는 아이가 하루빨리 말을 하게 되기를 바란다. 하지만 아이가 세 살이나 네 살 정도가 되면 저녁 준비를 하는 동안 기관총처럼 다다다 떠들어대는 아이의 입을 틀어막고 싶은 충동이 일곤 한다.

게다가 아이의 질문 중 상당수는 아주 심오해서 대답하기 전에 충분한 시간이 필요하다. 이런 상황은 정말이지 곤혹스럽다. 특히 답을 모르거나, 또는 어떻게 말해야 아이 수준에 맞게 설명해 줄 수 있는지 모를 때는 더더욱 그렇다.

건강한 호기심은 아이의 상상력을 몇 배로 키워준다. 또한 새로운 세상을 탐색하고자 하는 열정과 에너지의 원천이다. 외계인이 지금 막 지구에 떨어졌다고 가정해 보자. 처음 접하는 주변의 모든 것들이 신기하고 흥미로울 것이다. 아이는 이 외계인과 다를 바 없다. 지구에 첫발을 디딘 아이에게 크리스마스와 첫눈, 동물원 등은 말로 표현할 수 없을 정도로 신기하기만 하다. 잔뜩 호기심을 품고 만지고, 먹고, 냄새도 맡아본다. 이런 호기심을 채워주지 않으면 아이는 세상을 보는 시각을 제대로 갖추지 못할 수도 있다. 그러니 가장 신뢰할 수 있는 부모가 한창 궁금한 것이 많은 아이에게 나이에 맞는 정확한 대답을 해주어야 한다.

그렇다면 어떻게 해야 할까? 주머니에 답변 카드를 가지고 다니면서 아이가 난처한 질문을 했을 때 카드를 꺼내 언제든 찾아보면 된다. 또는 아이가 언젠가는 한 번쯤 할 만한 질문에 어떻게 대답할지 미리 생각해 놓는다. "아기는 어떻게 생기는 거야?", "하느님은 정말 있는 거야?", "사람은 죽으면 어디로 가?" 따위의 질문에 대한 답을 생각해 놓으면 크게 당황하지 않고 설명할 수 있다.

쉽고 짧게, 솔직하게 대답한다

퍼듀대학교의 연구진은 성性에 관한 것 등 대답하기 어려운 아이들의 질문에 답하는 요령을 개발해 냈다. 이것을 좀 더 구체적으로 정리해 보았다.

아이의 생각을 먼저 확인한다

아이가 알고 있는 것이 무엇이고, 모르는 것이 무엇인지 알아야 한다. 아이가 "왜 여자는 앉아서 쉬를 하고, 남자는 서서 해?"라고 물으면 아이에게 되묻는다.

"너는 왜 그런다고 생각하니?"

아이가 이미 알고 있는 것이 무엇인지 확인한 후, 좀 더 부연해서 나이에 맞는 정보를 알려준다. 어쩌면 아이는 "남자와 여자가 다르기 때문인 것 같아"라고 할 수도 있다. 그럴 땐 "네 말이 맞아. 남자와 여자의 몸은 다르단다"라고 답하면 된다.

궁금한 것이 무엇인지 명확히 파악한다

아이가 왜 그런 질문을 하게 되었는지 대답하기 전에 질문의 요지를 정확히 알아야 한다. "난 어디서 왔어?"라는 질문도 아이마다 원하는 답이 다르다. 아기가 어떻게 태어나는지 알고 싶을 수도 있고, 자신이 태어난 병원의 이름이나 도시 이름이 궁금할 수도 있다.

짧고 단순하게 답한다

되도록 짧고 간결하게 설명한다. 아이는 길고 복잡한 대답을 원하는 것이 아니다. 만약 답변이 만족스럽지 않다면 또다시 물어볼 것이다. 다시 질문할 것을 예상해서 짧게 설명한다.

정직하게 이야기한다

아이가 묻는 질문에 아는 그대로 답해준다. 아기가 어떻게 태어나느냐는 질문에 황새가 가져다준다거나, 다리 밑에서 주워 온다는 식으로 답해선 안 된다. 아무리 그럴듯하더라도 '아이는 선물'이라는 식의 설명은 혼란만 줄 뿐이다. 자칫 동생이 리본 달린 선물 상자에 담겨 집에 도착한 것으로 생각할 수도 있다. 대신 엄마와 아빠가 아기를 만들며, 아기는 세상에 태어나기 전까지 엄마 몸의 특별한 곳에서 자란다고 정직하게 말한다.

만약 질문에 대한 답을 모른다면 솔직하게 모른다고 대답하고 알아보고 알려주겠노라고 덧붙인다. 아이와 늘 솔직하게 대화를 나누자. 곤란한 질문에 대해 일찌감치 이야기를 나누기 시작할수록 나중에 아이와 진지한 토론을 하기가 수월하다.

정확한 용어를 사용한다

사람의 신체 부위 등 다소 대답하기 난처한 명칭에 대해서도 정확한 단어를 사용한다. 그렇게 해야 아이가 혼란에 빠지지 않는다. 성기에 대해 물으면 남자는 '음경', 여자는 '음순'이라고 알려준다. 아무리 귀여워 보여도 '고추'라거나 '잠지'라고 부르는 건 바람직하지 않다.

껄끄러운 이야기라도 자연스럽게 한다

껄끄러운 주제에 대해 이야기하더라도 소곤소곤 속삭이거나 얼굴을 찡그려서는 안 된다. 솔직하고 당당하게 이야기를 주고받아서 아이에게 어떤 문제에 대해서든 자유롭게 이야기할 수 있는 분위기를 만들어준다.

특히 성에 관한 것은 일상생활에서 자연스럽게 가르친다. 예를 들어, 목욕 시간을 이용해 신체 부위에 대해 이야기할 수 있다. 목욕을 하면서 아이의 몸은 아이의 것이고, 다른 사람이 함부로 만지면 안 된다고 자연스럽게 설명한다. 대답하기 난처한 상황이라면 아이에게 솔직하게 이야기한다. 하지만 언제나 아이가 하는 이야기를 들을 준비가 되어 있다는 것을 보여주자.

미리 질문을 예상하고 준비한다

아이가 어떤 질문 공세를 펼칠지 미리 예상해 보자. 그리고 어떤 식으로 답할지 상상해 본다. "왜 내 얼굴은 이렇게 까매?" 라고 묻는다면, 그에 대해 설명할 수 있는 간단한 답을 머릿속에 갖고 있어야 한다. "하느님이 정말 있어요?" 같은 난해한 질문이라면, 자신의 가치관과 믿음에 대해 알려줄 필요가 있다. 대신 자연스럽고 분명하게 해야 한다.

이외에 부모 대부분이 얼굴을 붉히거나 말을 더듬게 되는 성과 관련된 질문에 대해서도 준비하자. 요령만 알고 있으면 당황하지 않을 수 있다. 아이가 "아기는 어디서 나와요?"라고 물으면 "넌 어떻게 생각하니?"라고 되묻는다. 세 살 정도 아이라면 "엄마 배꼽에서 나오는 것 같아요"라고 할지 모른다. 그럴 땐 "엄마의 몸속에는 아주 특별한 공간이 있단다. 거기서 아기가 생기고 자란단다"라고 설명한다. 이는 너무 상세한 정보를 주지 않으면서도 정직한 답변이다.

아이들이 자주 하는 난처한 질문, 이렇게 답한다

언제 어떤 식으로든 아이는 다음과 같은 질문을 한다. 아이가 충분히 소화할 수 있을 만큼의 답을 주자. 절대 목이 멜 만큼 주어선 안 된다.

아기는 어디에서 오는 거예요?

아이들이 아주 어렸을 때부터 자주 묻는 질문이다. 특히 동생이 곧 태어날 경우에는 더욱 그렇다. 취학 전 아이는 자신이 어떻게 세상에 나왔는지 궁금해 하지만, 아직까지 구체적인 내용을 받아들일 준비는 되어 있지 않다. 아이가 정말로 알고 싶은 것이 아기가 어떻게 생기는 것인지가 아니라, 엄마의 몸 어디에서 나오는가 하는 것이라면 "엄마의 몸 안에는 자궁이라는 아주 특별한 공간이 있단다. 그곳에서 아기가 자라지" 정도면 나이에 맞는 답변이라고 할 수 있다.

만약 아이가 자궁이 무언지 물으면 "여자의 몸속, 배꼽 근처에 있는 아주 특별한 곳으로, 따뜻한 방이나 고치와 비슷해서 아기가 자랄 수 있도록 보호해 준다"고 답한다. 간단하고 정직한 동시에 눈에 보이지 않는 것을 아이가 상상할 수 있도록 돕는 대답이다.

쟤는 왜 얼굴색이 달라요?

덴버사회문제연구소의 책임자인 필리스 케이츠Phyllis Katz는 아이들의 인종 차별적 태도의 발달 과정을 추적해 본 결과, 실험 대상 중 절반에 해당하는 아이들이 여섯 살 이전에 인종적 편견을 갖는다는 사실을 발견했다.

다섯 살이 되면 아이들은 피부색의 차이를 인지한다. 아이들이 피부색에 대해 묻는 것은 단순히 차이를 발견하고 그 의미를 알고자 하는 것이다. 그러므로 이에 대한 부모의 대답과 태도가 피부색에 대한 아이들의 가치관을 형성하게 된다. 취학 전 아동이라면 피부색은 부모에게서 물려받은 것이라거나, 또는 조상이 어느 대륙에서 태어났느냐에 따라 결정된다고 말해준다.

아주 어릴 때부터 아이들에게 다양성을 받아들이도록 가르치자. 아이들에게 서로 다른 문화와 인종을 접할 수 있게 해주면 자연스럽게 솔직하고 열린 대화의 기회를 갖게 된다. 다양한 인종의 사람들이 그려진 책을 읽거나 모이는 식당에 가서 다른 음식 문화를 체험하는 것도 좋다.

쟤는 왜 뚱뚱해요?

어린아이들은 자신이 본 그대로를 아무런 판단 없이 전달한다. 누군가를 가리키며 왜 뚱뚱한지 묻는다면, 아이가 관찰한 것을 인정해 주고 다르게 말하도록 가르친다.

"뚱뚱하다는 말은 그 사람의 기분을 상하게 해. 그건 상처를 주는 말이야."

그러고 나서 "사람들은 키와 몸무게가 각기 다르다"고 답한다. 그리고 그 이유도 설명한다. 어떤 사람은 음식을 너무 많이 먹고, 또 어떤 사람은 운동을 하지 않고, 또 다른 사람은 건강상에 문제가 있기도 하고, 또 어떤 사람은 몸집이 큰 엄마와 아빠 사이에서 태어나기도 하고, 때로는 그 이유를 모를 수도 있다고 말이다. 기억하자. 부모의 태도와 대답이 아이의 미래 가치관을 결정한다.

왜 엄마(또는 아빠)가 없어요?

아이가 왜 자기 친구는 한쪽 부모만 있는지 물으면 어떻게 대답해야 할까? 이 질문에는 분명 여러 가지 답이 있을 것이다. 그리고 어떤 답변은 아주 흔하다.

우선 친구에게 왜 아빠가 없다고 생각하는지 되물으며 시작하자. 어쩌면 친구의 아빠를 보지 못해서일 수 있다. 혹은 아빠가 직장 때문에 먼 곳에 떨어져 살고 있어서일지도 모른다. 그러니 대답을 해주기 전에 아이가 무엇 때문에 질문을 하는지 파악해야 한다. 언젠가 필자가 돌보는 아이 중 하나가 학교에 다녀온 후 말했다.

"선생님, 그거 알아요? 우리 반에 엄마 없는 애가 나 말고 또

있더라고요!"

필자는 무슨 말인지 어리둥절했다. 왜냐하면 아이에겐 분명 엄마가 있었기 때문이다. 그래서 아이에게 물었더니 자기처럼 '일하는 엄마'가 있는 아이가 또 있다는 뜻이었다.

왜 어떤 아이에겐 부모가 한쪽뿐이냐고 물으면 "태어나려면 엄마와 아빠가 모두 필요하지만, 돌보는 건 때때로 엄마나 아빠 혼자서 한다"고 설명한다. 또한 할머니, 할아버지, 숙모나 삼촌 등이 도와준다는 것도 이야기한다. 중요한 것은 몇 명이서 아이를 기르느냐가 아니라, 아이가 얼마나 많은 사랑을 받고 자라느냐 하는 것이라고 덧붙인다.

부모가 이혼한 경우라면 "엄마, 아빠가 이혼했거든" 또는 "그냥 엄마와 함께 사는 거야"라고 간결하고 짧게 설명한다. "이혼이 뭔데?" 같은 질문이 이어진다면 단순하고 직접적이며 편견 없는 대답을 한다.

"이혼이란 엄마와 아빠가 더 이상 함께 살지 않기로 하는 거란다."

그래도 아이가 질문을 계속한다면, 어쩌면 자신에게도 그런 일이 일어날지도 모른다는 막연한 불안감이 생겼기 때문일 수 있다. 그럴 땐 아이에 대한 사랑을 확인시켜 주고, 아무 일 없이 잘 지낼 거라고 다독인다. 만약 실제로 이혼 위기에 처해 있거나 문제를 겪고 있다면 이렇게 말해준다.

"엄마는 언제나 너를 사랑하고 돌볼 거야. 엄마에겐 네가 가장 중요해. 하지만 우리를 사랑하고 필요할 때 도와줄 수 있는 다른 사람들이 더 있는지 생각해 보자꾸나."

그러고 나서 할아버지, 할머니, 친척 등 아이에게 안전한 휴식처와 위안이 되어줄 수 있는 사람들의 목록을 작성해 본다.

사람은 왜 죽어요?

아이가 언젠가는 죽음에 대해 물어볼 것이다. 때때로 이 질문은 누군가(또는 기르던 반려동물이) 죽은 다음에 이어진다. 무슨 일이 벌어진 건지, 왜 그런 일이 일어났는지 알고 싶어 하는 것은 아주 자연스러운 현상이다. 부모는 감정이입을 통해 정직하게 그 주제에 접근해야 한다. 아이에게 사람은 대부분 아주 오래오래 살고 난 후 죽게 된다고 설명해 준다. 또한 사람들이 죽은 사람을 그리워하며 슬퍼한다는 것을 알려준다. "할머니는 왜 우셔?"라고 아이가 물을 때 당신은 이렇게 대답해 줄 수 있다.

"왜냐하면 할아버지께서 돌아가셨기 때문이란다. 할머니는 할아버지가 너무 보고 싶은 거야. 할아버지는 다시 돌아오실 수 없으니까. 하지만 할아버지와 함께했던 행복했던 순간들을 할머니는 결코 잊지 못하실 거란다."

직접적으로 물어보지 않을지라도 아이는 누군가 혹은 반려동물이 죽은 것이 혹시 자신 때문은 아닌지 의심스러워한다. 두 살짜리는 아직까지 자기중심적인 무대에서 벗어나지 못하기에 자신의 생각과 행동이 주변의 모든 것에 영향을 미친다고 믿는다. 죽음이라는 주제가 등장했을 때 아이가 묻지 않더라도 누군가 죽었을 때, 그것이 아이의 잘못이 아니라는 점을 아이에게 확실히 알려주어야 한다.

이외의 아슬아슬한 문제를 대할 때는 심호흡을 한 번 하고 대답할 준비를 한다. 만약 대답을 해주지 않는다면 아이는 다른 누군가를 찾을 것이다. 아이가 그 누군가에게서 좋은 답을 들으리란 보장이 없지 않은가. 기억하자. 아이에게 대답할 때는 선입견 없이, 편견 없이 말해야 한다. 그리고 자신의 신념에 정직해야 한다.

성에 대한 질문에 답해줄 땐

1. 아이가 질문한 것에만 답한다.

2. 간단하게 답한다.

3. 정직하게 답한다.

4. 아이에게 무엇이든 이야기하고 질문하도록 격려한다.

5. 나이에 맞는 말로 설명한다.

6. 올바른 용어를 사용한다.

에필로그

자, 책의 마지막 장까지 온 것을 축하한다! 책을 읽는 것은 일종의 노동과 같다. 머리가 지끈거린다. 하지만 이런 과정은 결국 가치가 있을 것이다.

자녀를 키우는 어려움은 부모가 훌륭하지 않기 때문에, 열심히 노력하지 않기 때문에, 또는 아이를 사랑하지 않기 때문에 생기는 것이 아니다. 부모가 실제적이고 실용적인 기술을 제대로 배우지 못했기에 문제가 생기는 것이다. 우리는 학교에서 부모 역할에 대해서 배우지 못했다. 정말로 온화하고 부드럽게 가정을 꾸려나가는 모범적인 부모를 두지 않은 이상, 좋은 본보기를 볼 수 없다. 필자는 이 책이 부모 역할에 대한 올바른 길잡이가 되길 바란다.

여기에서 다루고 있는 자녀교육법을 한 번에 모두 실천해야 하는 것은 아니다. 이 책을 처음부터 다시 한 번 훑어보며 가장 마음에 드는 몇 가지 훈육법을 고른다. 그것을 종이에 적어 냉장고에 붙여둔다. 그리고 자신의 상황에 맞게 적극적으로 실천한다. 그렇게 일 년이 지나면 놀라운 변화를 목격하게 될 것이다.

가장 중요한 전략은 이미 발견했겠지만, 부부가 함께 하라는 것이다. 잘되는 집안은 튼튼한 나무와 같다. 부모는 뿌리고, 아이들은 가지다. 뿌리가 튼튼하고 건강할수록 가지에서 더 많은 열매가 열리게 마련이다. 지금부터 20년 후에 우리 가정이 어떤 모습의 나무로 자랄지 상상해 보자. 엄청나게 크고, 가지가 무성한 나무가 떠오르는가? 부모는 가족이라는 나무의 든든한 바탕이 되어야 한다.

이 책을 읽고 난 당신에게 바라는 것이 하나 있다면, 자신에게 강력한 힘이 있음을 깨닫는 것이다. 나는 당신이 부모로서의 능력에 확신을 가졌으면 한다. 당신은 아이를 사랑하는 부모이며, 위대한 창조물이다. 게다가 이제 부모로서의 역할을 훌륭히 해내기 위한 훈련을 받았다. 최고의 육아 정보를 갖고 있다. 그것을 잘 활용하자. 분명 놀라운 결과를 거두게 될 것이다.

이 단순한 지침들을 따라갈 수만 있다면 모든 면에서 완벽한 부모가 될 것이다. 적어도 그 어떤 부모보다도 완벽에 더 가까운 부모가 될 수 있을 것이다. 우리가 사랑스러운 아이들의 삶과 마음속에 심어놓은 것들이 성장하고 배우는 데 도움이 될 것이며, 아이들이 되돌려준 사랑과 교훈 역시 우리가 인생에서 새로운 장을 열어나갈 때 큰 힘이 되어줄 것임을 믿어 의심치 않는다.

평생 습관과 태도를 만드는

우리 아이 처음 버릇

초판 1쇄 인쇄 2023년 1월 2일
초판 1쇄 발행 2023년 1월 12일

지은이 미셸 라로위
옮긴이 김선희

펴낸이 하인숙
기획총괄 김현종
책임편집 정지현
디자인 표지 섬세한 곰 본문 더블디앤스튜디오

펴낸곳 더블북
출판등록 2009년 4월 13일 제2022-000052호
주소 서울시 양천구 목동서로 77 현대월드타워 1713호
전화 02-2061-0765 팩스 02-2061-0766
블로그 https://blog.naver.com/doublebook
인스타그램 @doublebook_pub
포스트 post.naver.com/doublebook
페이스북 www.facebook.com/doublebook1
이메일 doublebook@naver.com

ISBN 979-11-980774-3-1 (03590)